FACTORES DE LA INVESTIGACIÓN:

Gestión social e innovación tecnológica

FACTORES DE LA INVESTIGACIÓN:
Gestión social e innovación tecnológica

Colaboración entre cuerpos académicos
Tlaxcala, Puebla y Coahuila

José Víctor Galaviz Rodríguez
Jonny Carmona Reyes
Noemí González León
Simón Sánchez Ponce

COORDINADORES

Para realizar pedidos de este libro, contacte con:
Palibrio
1663 Liberty Drive, Suite 200
Bloomington, IN 47403
Gratis desde EE. UU. al 877.407.5847
Gratis desde México al 01.800.288.2243
Gratis desde España al 900.866.949
Desde otro país al +1.812.671.9757
Fax: 01.812.355.1576
ventas@palibrio.com
838137

ÍNDICE

CUERPOS ACADÉMICOS PARTICIPANTES
RECONOCIDOS POR PRODEP

Universidad Tecnológica de Tlaxcala
UTTLAX-CA-2 - INGENIERIA EN PROCESOS.
UTTLAX-CA-4 - MANTENIMIENTO INDUSTRIAL

Universidad Tecnológica de Tehuacán
UTTEH-CA-7 - ACADEMIA DE PROCESOS INDUSTRIALES.

Universidad Tecnológica de Tecamachalco
UTTEPU-CA-5 - OPTIMIZACIÓN DE
PROCESOS INDUSTRIALES.

Instituto Tecnológico Superior de la Sierra Norte de Puebla
ITESNP-CA-1 - CIENCIAS DE LA INGENIERÍA.

Instituto Tecnológico Superior de la Sierra Negra de Ajalpan.
ITSSNA-CA-1 - TECNOLOGÍA Y
AUTOMATIZACIÓN DE PROCESOS.

Universidad Autónoma de Coahuila
UACOAH-CA-128 CALIDAD DE VIDA Y
PROBLEMAS SOCIO-EDUCATIVOS

Universidad Politécnica de Tlaxcala
UPTLAX-CA-10 - DISEÑO Y AUTOMATIZACIÓN
DE PROCESOS DE MANUFACTURA

Universidad Tecnológica de Tlaxcala.

Dr. Laurencio Marco Antonio Castillo Hernández
Rector.
Lic. Everardo Hernández Mijares
Secretaria Académica.
M. en C. Gadiro Cano Lima
Director de Carrera.
Ing. Benjamín Hernández Torres
Director de Carrera.

Universidad Tecnológica de Tehuacán.

Dr. Miguel Ángel Celis Flores
Rectora.

Universidad Tecnológica de Tecamachalco.

Lic. Karina Fernández Patricio
Rectora.

Instituto Tecnológico Superior de la Sierra Norte de Puebla.

Mtra. Eloísa Mora Arrellano
Director General.

Mtro. Efraín Carrasco Rodriguez
Directora Académica.

Instituto Tecnológico Superior de la Sierra Negra de Ajalpan.

M.V.Z. Augusto Marcos Hernández Merino
Director General.

Universidad Autónoma de Coahuila

Facultad de Ciencias, Educación y Humanidades
Ing Salvador Hernández Vélez
Rector.
Dr. José Ricardo Ramírez Cerecero
Director de la Facultad de Ciencia, Educación y Humanidades
Juan Carlos Farías Bracamontes
Secretario Académico

Universidad Politécnica de Tlaxcala

Mtro. Enrique Padilla Sánchez
Rector.
Lic. Lauro Sánchez Sánchez
Secretario Académico
Mtro. Abdel Rodríguez Cuapio
Director de Carrera

AUTORES COORDINADORES

JOSÉ VÍCTOR GALAVIZ RODRÍGUEZ
JONNY CARMONA REYES
NOEMÍ GONZÁLEZ LEÓN
SIMÓN SÁNCHEZ PONCE

AUTORES POR CAPÍTULO

CAPÍTULO I
Simón Sánchez Ponce
Ricardo Jiménez Moreno
Stephani Hernández Reyes
Efraín Hernández Basurto

CAPÍTULO II
Aldo Castañeda Salmorán
Jonny Carmona Reyes
Ricardo Ramírez Cerecero
Ma. Lourdes Huerta Becerra.

CAPÍTULO III
Hugo Flores Pérez
Jorge Hernández Pérez
José Víctor Galaviz Rodríguez
Lorena Santos Espinosa

CAPÍTULO IV
Javier Hilario Reyes Córdova
Fausto Hernández Tlatelpa
Roberto Avelino Rosas
Randy Delgado González

CAPÍTULO V
Juan Carlos Farías Bracamontes
Haynet Rivera Flores

Claudia Galicia Solís
María Teresa Netza Lara

CAPÍTULO VI
Jesús Cerón Melchor
Ana Laura Flores Hernández
Noemí González León
Alberto Portilla Flores.

CAPÍTULO VII
Elías Méndez Zapata
Cruz Norberto Gonzáles Morales
Froylan Pérez Serrano

CAPÍTULO VIII
Rafael López Arroyo
Noemí González León
Ninfa Esperanza González Rodríguez

CAPÍTULO IX
Pablo Sánchez López
José Víctor Galaviz Rodríguez
Alejandra George Espinoza
Juan Luis Parra Flores

CAPÍTULO I

PROPUESTA DE REINGENIERÍA EN EL ÁREA DE DOPPE Y PINTURA, EN UNA EMPRESA DEDICADA A LA ELABORACIÓN DE SOMBREROS.

Simón Sánchez Ponce, Ricardo Jiménez Moreno, Stephani Hernández Reyes, Efraín Hernández Basurto

Resumen

El siguiente trabajo muestra y describe una propuesta de rediseño de una empresa dedicada a la elaboración de sombreros de la región de Tehuacán Puebla, en la cual se expone una problemática que están pasando y también se describe una posible solución. El documento empieza por datos generales de la empresa y con la descripción del problema, la empresa se dedica a la manufactura y elaboración de sombreros, en la cual se encuentra un problema de mala distribución de las áreas, en especial dos áreas las cuales son: el área de Doppe y el de pintura, que son las áreas en donde se busca dar una propuesta de solución. Todo empieza con analizar y ver el desarrollo del proceso y una vez realizado dicho análisis, evaluar las posibles soluciones, en la cual se ve un posible cambio o redistribución de esas dos áreas antes mencionada, se expone ante los responsables del área de producción la propuesta de un rediseño donde se toma en cuenta un terreno perteneciente a la empresa donde la cual está sin ser ocupada y ante eso se procede a trabajar. Con la utilización de programas de diseño como lo es AutoCAD, se hace la propuesta y una vez validada por el asesor de la empresa se procede a llevar a cabo una cotización de todo el presupuesto que planea gastar para la reingeniería de las dos áreas, el proyecto concluye con la propuesta y cotización, ya que por motivos de la gerencia de la empresa solo será una propuesta de solución a ese problema que se tomará en cuenta

Palabras clave: Doppe, Pintura, Distribución, AutoCAD

Abstract

The following work shows and describes a redesign proposal of the company in which a problem that is happening as well as a possible solution is exposed. The document begins with the general data of the company and with the description of the problem, the company is dedicated to the manufacture and elaboration of hats, in which there is a problem of poor distribution of the areas, especially two areas which are: The Doppe area and the painting area, which are the areas where a proposed solution is sought. It all begins with analyzing and seeing the development of the process and once said analysis has been carried out, evaluating the possible solutions, in which a possible change or redistribution of these two aforementioned areas is seen, the proposal is presented to those responsible for the production area. of a redesign where a piece of land belonging to the company that is unoccupied is taken into account and starting from that we proceed to work. With the use of design programs such as AutoCAD, the proposal is made once it has been validated by the company's advisor, it proceeds to carry out a quote of the entire budget that it plans to spend for the reengineering of the two areas, the project concludes with the proposal and quote, since for reasons of the management of the company it will only be a solution proposal to that problem that will be taken into account.

Key words: Doppe, paintwork, distribution, AutoCAD

Introducción

La empresa Impo-Export-Fergar S.A de C.V. se encuentra ubicada en la ciudad de Tehuacán, Puebla. Es una empresa dedicada a la fabricación de sombreros de diferentes tipos y es exportador a diferentes países, el motivo por el cual se hace este proyecto es la creación y elaboración de una propuesta de diseño y reubicación de dos áreas que le pertenecen al área de producción, ya que donde se encuentran ubicadas actualmente, representan un riesgo para las demás áreas y con esta propuesta tenemos el objetivo de eliminar esos riesgos.

El área de Doppe es un área de donde se aplica como bien lo dice "Doppe", que es una especie de barniz que se ocupa en los sombreros de palma para dejarlos más rígidos. Sin embargo, esta área se encuentra en un cuarto cerrado y se respira mucho thinner, lo cual puede afectar a la salud de los trabajadores. De acuerdo a la información proporcionada, los principales problemas son la ubicación de esas dos áreas, ya que están ubicadas en la parte superior de la planta, donde queda visible por toda el área de la parte inferior, y como se trabaja con pintura se exponen a los riesgos de crear accidentes, como regar la pintura en la parte de abajo, donde se encuentra material que se está trabajando y está expuesto a ser manchado.

Se planea desarrollar una propuesta de reubicación de esas dos áreas, ya que la empresa cuenta con un espacio a un lado de la fábrica sin ser utilizado, la cual se considera una buena opción para desarrollar el proyecto en el lugar antes mencionado figura 1.

Figura 1. Área de producción

El presente proyecto pretende hacer una revisión, un análisis y una interpretación en relación a las diferentes dos áreas a trabajar, desde las nuevas dimensiones de cada área, hasta la cotización de la elaboración de las dos áreas, tomando en cuenta la distribución de los trabajadores y sus áreas de trabajo. En el caso de la estación de trabajo en cuestión es importante recalcar que llevar a cabo el trabajo tal y como hasta hoy lleva un riesgo directo en la salud y en el producto que se está elaborando, por lo que las soluciones propuestas se concretaron a facilitar el trabajo figura 2.

Con el rediseño de la estación de trabajo, se obtienen los siguientes beneficios:

- Tener un nuevo lugar de trabajo y más apropiado
- Reducir accidentes
- Lograr que el trabajador tenga más rendimiento en sus labores.
- Evitar afectaciones en la salud.
- Con ello, agilizar más el proceso de fabricación del producto.

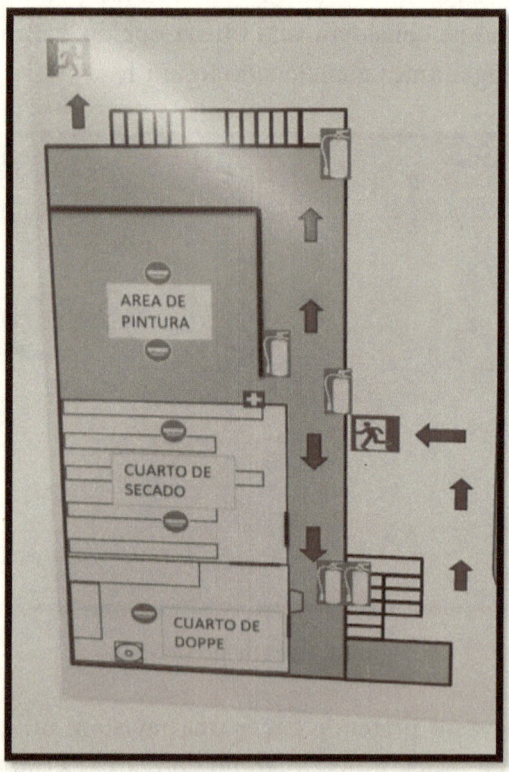

Figura 2. Distribución de las áreas actuales

REINGENIERÍA

Concepto

- "La Reingeniería es un proceso concebido para rediseñar las operaciones de los negocios con el objeto de lograr un incremento significativo del valor que se le agregue a un servicio o producto, así como el replanteamiento profundo y rediseño radical de los procesos de la organización para lograr mejoras significativas en los factores críticos del desempeño, tales como: costos, servicio y rapidez".
- "Proceso por el que las Empresas se convierten en competidores de clase mundial al rehacer sus sistemas de información y de organización, forma de trabajar en equipo y los medios por los que dialogan entre sí y los clientes".
- "Cambio revolucionario en las Empresas que dependen de rediseñar tanto los procesos administrativos como los operativos".
- "Proceso por medio del cual las empresas pueden mejorar su rendimiento a través de sus procesos operativos claves".

Importancia

La Reingeniería tiene un propósito doble: simplificar un tema complejo y confuso, y presentar un conjunto específico de técnicas cuya aplicación sea posible en la propia organización. Es de mucha ayuda para el responsable (quien hace las cosas) que debe rediseñar, modernizar una organización, haciendo que responda mejor a los clientes y, en último término, que sea más rentable.

La Reingeniería es de mucha importancia para el empresario ya que debe generar un plan para el cambio, que otras personas habrán de seguir en la organización. Sin embargo, son esos "otros" quienes deben dirigir el cambio. Así, la Reingeniería dará también a los "otros" los antecedentes necesarios para llevar a cabo el cambio. Por ejemplo, ayudará al ejecutivo responsable de mejorar la eficiencia de una organización, a comprender y aplicar la Reingeniería organizacional. Además, permitirá a los gerentes funcionales, responsables de áreas específicas de trabajo y que implantan el cambio.

BASES DE LA REINGENIERÍA

Administración coordinada del cambio

Las Empresas deben tener una capacidad implícita para hacer cambios rápidos en respuesta a los ambientes externos e internos. Además, deben realizarlos con la minina interrupción de servicios. Esta capacidad para transformarse con poca, o ninguna, angustia o interrupción, separa a los líderes de una Industria determinada de la competencia. Las Empresas que tienen esta capacidad de transformación exhiben dos características primordiales. La primera es la conciencia de la respuesta, es decir, la capacidad de la organización para relacionarse con su cambiante ambiente externo. La segunda característica se orienta a la flexibilidad, o capacidad de una Empresa para permanecer enfocada mientras se configura de nuevo a sí misma en tanto enfrenta el cambio que requiere el entorno externo. Estas dos características del cambio ayudan a reducir la angustia y la interrupción en el lugar de trabajo. No obstante, el proceso de desarrollar estas dos características puede ser caro y requerir tiempo.

Por ejemplo, hoy en día muchas Empresas pasan por el difícil proceso de la reducción. Muchas Empresas la perciben bajo una luz negativa y operan como si la reducción de la fuerza de trabajo fuera una actividad que se realiza una sola vez; es decir, esperan que al concluir esta ronda de reducción, volverán a las prácticas gerenciales normales. Sin embargo, estas prácticas normales fueron las que crearon la necesidad de reducir. Estas Empresas no desarrollan la capacidad de adaptarse al cambio y, muy probablemente, tendrán que repetir el proceso de reducción una y otra vez hasta que no quede nada por reducir. Además, acaso las operaciones se desorganizaron en forma significativa por el miedo de los empleados a perder el trabajo.

Es claro que en muchas Empresas son miopes porque no desarrollan las dos características positivas del cambio, conciencia de la respuesta y flexibilidad orientada. Al carecer de ésta, los empleados experimentan el cambio como algo doloroso, lo que a su vez provoca una conducta defensiva que inhibe el proceso de cambio. Sin embargo, si se maneja en forma adecuada, es posible evitar el dolor asociado a un proceso de cambio y las organizaciones podrán resistir mejor las futuras tormentas del cambio.

Metodología

Fases para la implementación de la reingeniería.

Organización e inicio

De forma intuitiva, todas las personas parecen saber qué es una organización.

Sin embargo, si se pide a un Gerente de línea, a un alto ejecutivo y aun obrero que definan el término organizaciones, por lo general se obtienen tres respuestas muy diferentes.

Es posible definir una organización como una estructura dentro de la cual se coordinan las contribuciones de actividades y personas con objeto de realizar las transacciones que se planean. Las organizaciones producen algo. Por lo general, generan objetos, como juguetes, o un servicio, como la atención médica. Sin embargo, existen organizaciones que producen cosas de naturaleza menos concreta: por ejemplo, una escuela o el némesis favorito de todos, el Gobierno.

Las escuelas proporcionan educación a los niños y los líderes del mañana. El gobierno que regula y hace cumplir las leyes a todo un pueblo. Si bien son variadas en muchas maneras, todas las organizaciones tienen una característica común: los bienes y servicios que producen son consumidos por sectores de la sociedad (o al menos, afectan a partes de la sociedad) ajenos a la propia organización.

De acuerdo con esta declaración, es posible ampliar aún más la definición de organización: son estructuras que se desarrollan para que la sociedad, o partes de ella, alcance cosas que de otra manera no podrían obtenerse del todo, o al menos no en forma tan sencilla o económica. Así, las organizaciones son elementos intermediarios entre lo que desea la sociedad y la satisfacción de tales deseos. Las organizaciones no surgen a la vida en forma espontánea. Su desarrollo requiere mucho trabajo. Por ejemplo, una escuela es más que profesores en aulas, libros y papelería. Las escuelas tienen que organizar a los maestros, estudiantes, materiales y actividades para permitir a los profesores educar a los niños.

Para complicar las cosas, algunas organizaciones producen resultados que el mundo exterior no consume de inmediato. Incluso algunas organizaciones generan productos que no son de interés o uso fuera de la misma.

Una organización es el elemento que interviene entre las contribuciones individuales y el entorno externo figura 3.

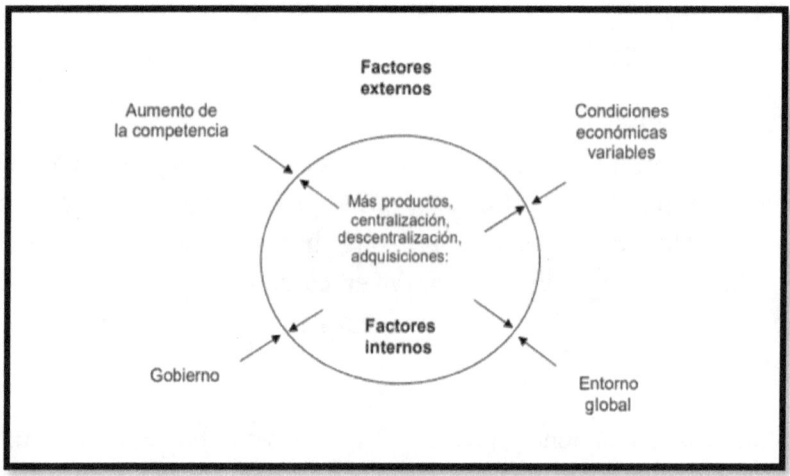

Figura 3. Factores internos y externos

Los factores internos: anticipación del cambio.

Cada organización tiene dos categorías básicas de influencia internas: presiones descendentes que se originan dentro de la organización, y ascendentes que provienen de las necesidades y demandas de los miembros de la organización. Las presiones descendentes se derivan de las nuevas percepciones de las relaciones en el lugar de trabajo y de las nuevas oportunidades de negocio. Entre los ejemplos de presiones descendentes se incluyen los lineamientos ejecutivos para centralizar o reestructurar un lugar de trabajo, o el impacto de un nuevo producto sobre la línea existente de producción. Las presiones ascendentes incluyen las demandas sindicales o de los empleados por aumentos de salario, mejores Factores externos Factores internos Más productos, centralización, descentralización, adquisiciones: Aumento de la competencia Condiciones económicas variables Gobierno Entorno global 29 condiciones de trabajo o la aplicación interna de las leyes laborales estatales y federales figura 4.

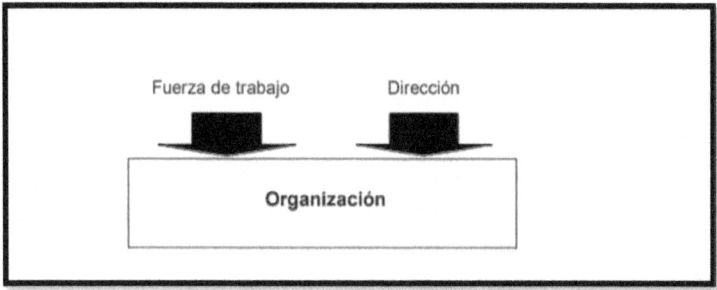

Figura 4. Presiones internas que afectan a las organizaciones

Los factores internos del cambio organizacional tienen un carácter paradójico. La necesidad del cambio se genera en todos los niveles de la organización, pero la responsabilidad de iniciar el cambio descansa en forma primordial en la dirección. Por otra parte, con gran frecuencia son los gerentes los enemigos de cambio y los guardianes de las prácticas establecidas.

REDISEÑO

Planeación del futuro.

Planear es un proceso por el cual la dirección de una organización prevé el futuro y desarrolla las acciones necesarias para alcanzarlo. La planeación del futuro comprende tres niveles generales: pronóstico, planeación estratégica y planeación operacional. El pronóstico pretende anticipar tendencias futuras; acaso por medios de sofisticados modelos para predecir la actividad futura. La planeación estratégica busca una visión a futuro de cinco a diez años, con base en los pronósticos de la dirección y las fortalezas existentes de la organización.

La planeación de operaciones, ya practicada en muchas organizaciones, establece objetivos, programas y presupuestos anuales. Sin embargo, los planes de operaciones que se desarrollan durante un proceso de planeación estratégica detallan la forma en que una organización pretende alcanzar el futuro que describe en su plan estratégico. En general, el proceso de planeación ayuda a la organización a crear su futuro.

Desde una perspectiva de Reingeniería, la planeación se divide en tres pasos principales:

a) Desarrollar una visión del futuro, una declaración de misión y principios rectores con base en las competencias esenciales de la organización.
b) Decidir la forma en que la organización se moverá hacia el futuro en los próximos tres a cinco años.
c) Determinar la actividad que realizará cada departamento o división durante el año siguiente, para apoyar el plan estratégico.

La historia representa una importante herramienta de aprendizaje. Si revisamos el surgimiento de la supremacía japonesa en varias industrias durante los últimos 25 años, veremos que el éxito no ocurre por sí solo. En vez de eso, las personas de todos los niveles y funciones dentro de la organización trabajan juntas para alcanzar los resultados deseados. Los japoneses invirtieron años en el desarrollo y definición de un plan con enfoque estratégico.

Una dirección enfocada tiene más éxito si la apoyan todos los miembros. Por tanto, el proceso de planeación debe incorporar a representantes de todas las áreas funcionales clave, incluyendo trabajadores de, por ejemplo, producción, recursos humanos, diseño de producto, compras, ventas y finanzas. Por último, la dirección ejecutiva de la organización deberá dirigir el esfuerzo y ser un participante activo: un enfoque de arriba abajo.

Resultados y discusión

Lo primero que se hizo al iniciar el proyecto fue la presentación con la empresa, para posteriormente se diera el recorrido en la empresa. Ya que se conoció todo el proceso para la elaboración del sombrero se realizaron observaciones en los procesos donde puede haber problemas que se pudieran solucionar, la empresa cuenta con ingenieros industriales los cuales están al tanto del personal, así como de los procesos y calidad. Ellos han aplicado distribuciones de la empresa, así como también metodologías ergonómicas en los procesos.

Conocer a detalle la problemática

Una vez que se conoció el proceso de elaboración del sombrero, los ingenieros de producción presentaron un problema que tenían en el cual se decía que tres áreas que se encuentran en la parte superior de sus oficinas son un tanto peligrosas porque están expuestas ante toda la planta de abajo, y esas tres áreas son la de Doppe, pintura y secado, el área de Doppe contiene materiales que son flamables y los trabajadores están expuestos a un accidente, también porque se encuentran en un cuarto laborando y huele mucho a thinner, posteriormente sigue el área de secado, donde se encuentran los sombreros de palma y se dejan secar, y al final el área de pintura donde los trabajadores pintan los sombreros mediante pistolas de pintura, y está puede ocasionar accidentes como que caiga la pintura hacia la planta de abajo donde está el área de corte y las oficinas de los ingenieros, así como también el personal.

Ver las posibles soluciones con los encargados

Los ingenieros proponen ocupar un terreno que esta sin construir, el proyecto ya lo tenían en mente, pero por motivos de falta de tiempo ellos no lo han llevado a cabo, se tenían varias ideas en mente con la nueva reubicación de esas tres áreas figura 5.

Figura 5. Área de trabajo

Tomar la solución más viable

La solución más viable es ocupar el terreno que fue propuesto para la elaboración de diseño donde se reubicaran las tres áreas antes mencionadas, así para poder desarrollar.

Tomar medidas del área a trabajar

Se midió el terreno donde se aplicará la nueva reubicación, tiene un área menor a las actuales donde se encuentran actualmente las tres áreas, por lo que se pensó hacer el diseño de las plantas, para tener un mejor espacio y así este mejor distribuido las tres áreas figura 6 y 7.

Figura 6. Vista frontal del área de trabajo

Figura 7. Área del terreno

Desarrollar un diseño de la propuesta

Una vez que se midió el área a trabajar, mediante el programa AutoCAD se aplicó una propuesta de diseño, tomando algunos puntos importantes como:

- La ventilación
- Rutas de evacuación.
- Especificaciones del primer piso con en el cual se hará el cuarto de pintura
- Segunda planta con lo que es el pasillo, cuarto de Doppe y área de secado figuras 8,9,10 y 11.

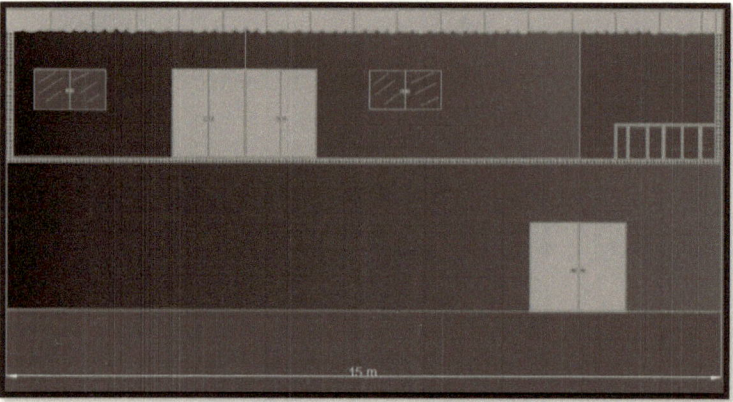

Figura 8. Fachada del edificio

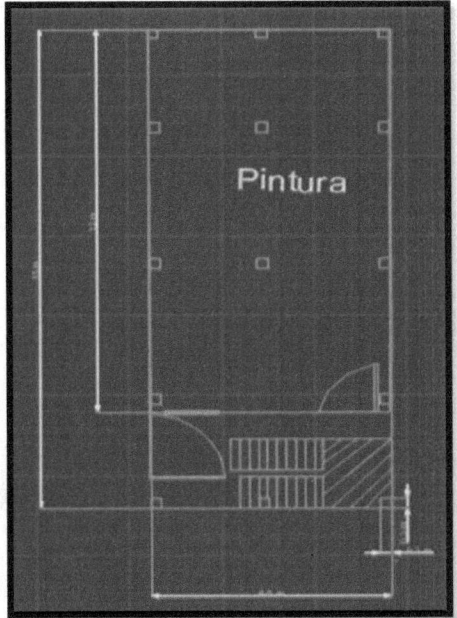

Figura 9. Diseño del área de pintura

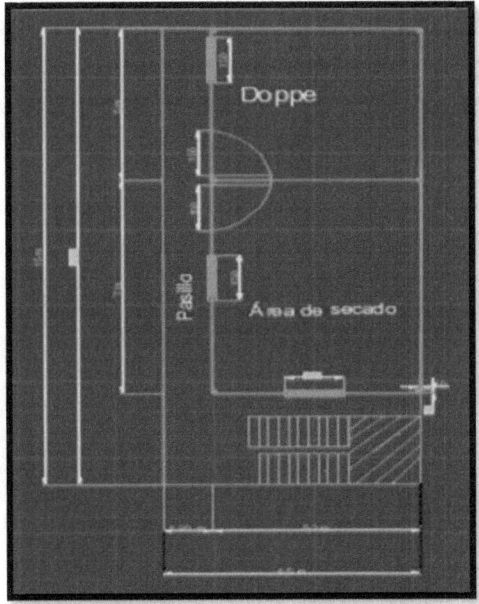

Figura 10. Propuesta del área de Doppe y secado

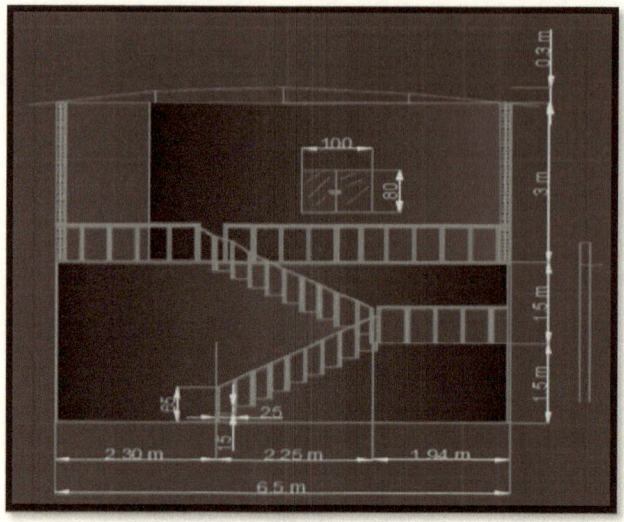

Figura 11. Corte lateral de las escaleras

Analizar el diseño y ver posibles mejoras

Mediante ayuda de un ingeniero civil se colaboró algunas dudas sobre la construcción, ya que es un área muy grande fue necesario en incorporar en el diseño algunos soportes para que sostengan la planta de arriba. También se diseñó un barandal el aparte de enfrente de la construcción y escaleras como la de la figura 12.

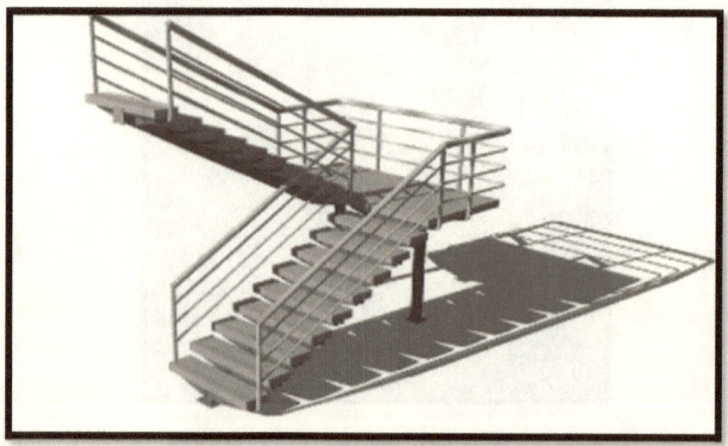

Figura 12. Escalera industrial metálica

Buscar los materiales a usar

Por motivos de la empresa, se comentó que toda la construcción será elaborada de estructuras metálicas. Ya que ese terreno está en disputa por los familiares y así es que no quieren que sea permanente la colocación de esas áreas.

Los materiales que se ocupar son:

1. Cemento tipo portland
2. Escalera industrial metálica prefabricada
3. Grava y arena
4. Lámina galvanizada
5. Agua
6. Monten metálico
7. Cal
8. Varilla ½ pulgada
9. Block macizo
10. Alambre recocido
11. Lámina antiderrapante
12. Alambrón
13. Placa divisoria
14. Columna de acero
15. Trabe de acero

Cotizar el precio de cada uno de los materiales

En la tabla 1, se describe de una manera general toda la cotización de los materiales, así como sus especificaciones de cada material, así como la cantidad que se planea utilizar para la construcción.

Tabla 1. Cotización de materiales

Material	Cantidad	Medida	Precio pesos mexicanos
Cemento	2	Tonelada	$10,400
Arena	2	Camión	$4,800

Grava	2	Camión	$5000
Agua	3	Pipa 20 Mil L	$2,800
Cal	25	Media Tonelada	$1,350
Block	1548 piezas	15x20x40cm.	$7,430
Placa Antiderrapante	260.5 Piezas	Calibre 10, 0.91x2.43m	$217,778
Escalera industrial metálica prefabricada		De Acuerdo Al Proyecto Ejecutivo	$165,000
Lámina	115 piezas	1.83x0.91 Calibre 20	$9,200
Montenes	20 piezas	8x2 ¾ 6 M	$13,940
Varilla	1/4 Ton	Tres Octavos	$3,512
Alambre	2 rollos	3.66 Mm Grosor 8.25 Kg/100 M	$1,520
Alambrón	1/4 Ton		$3,605
Varilla	1/4 Ton	Media	$5,725
Placa DIVISORIA	120pz	0.91mx2.43	$30,856
Columna De Acero	8.08 Toneladas		$242,640.00
Viga IPR	5 toneladas	6x4, 12.6kg/M, Espesor A	$91,850.00

Cotización total de la elaboración de la construcción de ochocientos diecisiete mil cuatrocientos seis pesos mexicanos. **$817,406.00**

Planear y organizar las actividades de cómo se realizarán.

La construcción se planea elaborar en 19 semanas, los cuales se clasifican de la siguiente forma:

Semana 1 - 2: Limpia de terreno y excavación
Semana 2 - 3: Levantamiento de cimentación
Semana 3 -11: Levantamiento de primera planta
Semana 11 - 19: Levantamiento de segunda planta
Semana 19 - 24: Detallado de la obra

Trabajo Futuro

Los principales interesados en el proyecto son los responsables de la producción, motivo por el cual, ellos son los que llevarán la propuesta con la gerencia general de la empresa para obtener la autorización final.

Se tiene prevista la elaboración de las tres áreas para el año próximo mientras mejora la economía, ya que en estos momentos implicaría un gasto a la empresa lo cual no tienen contemplado. Por el momento se queda en propuesta el proyecto realizado.

Conclusiones

Los resultados obtenidos durante la realización de este proyecto fueron, tomar las medidas del área actual, y las del área en propuesta, ya que eran uno de los primeros pasos para la realización del proyecto, para posteriormente plantear una propuesta de diseño de las áreas.

Se pudo crear un diseño donde se muestran las distribuciones de las tres áreas, también se mostró a los responsables de producción la propuesta del diseño, finalmente se realizó la cotización del presupuesto de los materiales a utilizar en la propuesta de la redistribución de las áreas.

Referencias bibliográficas

Lowenthal, Jeffrey. Reingeniería de la Organización. Quinta reimpresión, Panorama Editorial, S. A. de C. V., México, 1999.

Reingeniería en el Ministerio de Hacienda Republica de El Salvador, San Salvador, 1996 6 Scott Cooper.

Reingeniería Aplicada a los Negocios. Primera Edición, Editorial McGraww Hill Interamericana de México, S. A. de C. V., México, 1992 7 Champy, James.

Reingeniería en la Gerencia. Editorial Norma, S. A., Colombia, 1995.

Curso de Mercadotecnia. Segunda Edición, Harla, S. A. de C. V., México D. F., 1986.

Dirección de Mercadotecnia. Segunda Edición, Editorial Diana, México, 1983.

Manual de presentación de trabajos escritos de la Escuela de Graduados en Educación del Tecnológico de Monterrey. Monterrey, México: EGE ITESM. Hernández, R., Fernández, C. y Baptista, P. (2006)

CAPÍTULO II

REVISIÓN SISTEMÁTICA SOBRE LA DESERCIÓN UNIVERSITARIA EN AMÉRICA LATINA.

Aldo Castañeda Salmorán, Jonny Carmona Reyes, Ricardo Ramírez Cerecero, Ma. Lourdes Huerta Becerra.

Resumen

Propósito:

La problemática de la deserción escolar es de gran importancia por sus diferentes características en que éste fenómeno se presenta los cuales son importantes debido a la cantidad de afectaciones que genera observándolo desde el aspecto económico hasta el aspecto social, ya que involucra a los integrantes del núcleo familiar (padres de familia, hermanos, hijos), el ambiente académico (docentes, directivos) y sociedad en general. La reprobación es un problema constante y vigente en las escuelas de todos los niveles que se manifiesta en todos los ciclos escolares. Aunado a esto, la deserción es un factor para provocar la repetición escolar, el mal aprovechamiento y el fracaso escolar. Esto puede ser interpretado como como uno de los problemas educativos que mayormente enfrentan los estudiantes.

Método:

Se realizó una revisión sistemática para identificar estudios de investigación sobre deserción universitaria en américa latina. En las bases de datos como PubMed, Science-Direct y ProQuest, se buscaron artículos publicados durante una semana al azar en abril y mayo 2021. Los diez criterios predefinidos de Horwitz y Feinstein se utilizaron para evaluar el rigor conceptual y metodológico.

Resultados:

La investigación de la deserción escolar es internacional e incluye una variedad de grupos objetivo, diseños de investigación y medidas de la calidad de vida. Por lo que para esta revisión sistemática se concentró información específicamente de américa latina. De acuerdo con los criterios de Horwitz y Feinstein, los resultados muestran que solo el 31% realizó un análisis de investigación, el 35% muestra los factores específicos y se define de manera precisa un caso, el 24.5% estableció los mismos criterios de exclusión aplicados a casos de deserción escolar. Los criterios que se cumplieron con más frecuencia fueron: (i) aspecto económico (ii) aspecto familiar.

Conclusión:

El desarrollo de esta revisión permitió identificar que a pesar de las dificultades y las diferentes circunstancias que enfrentan los jóvenes universitarios lo mejor que se puede realizar es la generación de propuestas de apoyo para las diferentes razones que permitan generan en ellos seguridad y empoderamiento de ellos mismos. Además, nos permite establecer una pregunta de trabajo ¿Afectan estos factores realmente el desempeño académico?

Este estudio contribuye a dilucidar los factores que se relacionan con la deserción escolar por medio de la exploración de variables que se reportan en otros estudios relacionados con la deserción escolar de los estudiantes universitarios, permitiendo observar que ene América Latina, Colombia es uno de los países que más ha investigado sobre el tema de deserción y los factores que se relacionan con el tema, de igual forma, esta investigación permitió visualizar los modos más recurrentes de evaluación y reflexionar sobre las variables que intervienen en el abandono de nivel superior permitiendo diseñar un modelo de intervención educativa que permita medir la solución del problema.

Palabras Clave: Deserción Escolar, Deserción Universitaria, revisión sistemática.

Introducción

La siguiente revisión de literatura aborda el tema de deserción escolar universitaria, por lo que para esta problemática es necesario mencionar las situaciones que las universidades tienen planteadas y que son de mucha preocupación y de bastante interés, donde el punto clave es la deserción escolar, este término proviene del latín *desertare* que significa abandono. Tinto (1975) realizó los primeros estudios para este fenómeno, en donde se delimita a la deserción como *"el abandono permanente de los estudios de la carrera seleccionada"*, la cual para Andreu (2008), en contraste para Díaz (2009) que menciona que es *"un abandono voluntario"* en el que se encuentran relacionadas las variables socioeconómicas, individuales, institucionales y académicas, en tanto Arce, Crespo y Míguez (Arce et al., 2015) la describen como *"el abandono de los estudiantes de un programa de enseñanza"* lo cual se trata del abandono de un programa de estudios sin la obtención del grado académico, marcando que transcurrirá un tiempo suficientemente largo para quitar la idea de un posible regreso a sus estudios (Himmel, 2002). Lo que creara una falsedad entre las expectativas de formación y la posibilidad real de lograrlas (Lemos Ruiz et al., 2016), visualizada en la no reincorporación de la matrícula escolar (Rodríguez Lagunas & Hernández Vázquez, 2008) creando un verdadero problema en las instituciones de nivel superior.

Durante las últimas décadas en América latina y el caribe la cobertura en el nivel superior ha ido en aumento: en tanto, durante 1991 se incrementó al 17%, mientras que en el año 2000 se elevó hasta el 21% y para 2010 se obtuvo un incremento exponencial hasta el 40%. Aunque estas cifras son alentadoras, comparativamente el incremento de este indicador ha estado por debajo de países como Portugal que presenta un 53% de cobertura en el nivel superior y España, que logró una cobertura del 62% en ese mismo nivel educativo, El continente europeo en general, presentó un incremento del 60% al 65% en la cobertura en el nivel superior y, en el caso de Estados Unidos hubo un incremento hasta del 80%. De esta manera, es posible observar que en América Latina el ingreso a la universidad no es un proceso fácil, todavía hay muchos estudiantes que no logran llegar al nivel superior en comparación con otros continentes, sin embargo, se reconoce que los gobiernos latino americanos han trabajado para aumentar la equidad y disminuir la deserción escolar que generalmente se presenta en los sectores más vulnerables a través de líneas de política pública que denotan la preocupación por disminuir y abatir el aumento de la deserción en las universidades. (Deniza et al., 2020).

El problema de la deserción universitaria como lo manifiesta Díaz (2008) ha constituido una problemática para las universidades colombianas, particularmente en los últimos años. Muchas investigaciones han demostrado el preocupante porcentaje de estudiantes que se retiran tempranamente de sus estudios universitarios con todo lo que implica en términos socioeconómicos. Es importante mencionar que la deserción es una situación compleja, que tiene diversos impactos negativos para las diferentes partes involucradas, como lo son el estudiante, la IES, la sociedad y el gobierno. Para Patiño y Carmona (2012), los estudios sugieren niveles diferenciados de la deserción que afectan y son afectados por los modelos formativos, el costo financiero y el tipo de programa, las condiciones biográficas y del entorno social del estudiante, así como el valor de la educación y de las credenciales educativas(Castaño Gutierrez & Gallego Torres, 2020).

La deserción escolar en nivel superior se presenta en diferentes carreras (Marte & Lamec, 2021) en el que el factor económico y familiar afectan demasiado el rol del estudiante (Lemos Ruiz et al., 2016) y todo esto sucede en los distintos niveles educativos (Barwani & Al-mekhlafi, 2013) desde educación básica hasta superior, tanto del sector público como privado (Benítez et al., 2019) y se encuentra estrechamente relacionado con los docentes que imparten las clases (Tuero Herrero et al., 2018) los cuales en algunos casos no tienen empatía con los alumnos (Ramírez et al., 2020). Esta es una situación que genera un costo a nivel social y académico (Améstica-rivas et al., 2021) ya que muchas universidades tienen que reducir su matrícula docente con el fin de amortiguar el gasto de la deserción, el cual es de gran importancia por la gran cantidad de afectaciones que genera y todos los actores que involucra el mal aprovechamiento y fracaso escolar.

Métodos

Esta revisión se planteó como una revisión sistemática con un período de tiempo corto, que se limitó a dos semanas aleatorias. Esto fue causado por que se publica una gran cantidad de artículos referentes a la deserción escolar universitaria cada año, y no es posible revisarlos todos. Por lo tanto, una selección aleatoria puede dar una buena imagen de la investigación de la deserción escolar universitaria. Utilizamos la lista de verificación PRISMA (Preferred Reporting Items for Systematic Reviews and Meta-Analyses) para garantizar el rigor en la conducción y el informe de esta revisión sistemática. La lista de verificación comprende 10 elementos, incluidos los que se consideran esenciales para la presentación transparente de informes de revisiones sistemáticas. Para evaluar el rigor conceptual y metodológico, utilizamos los mismos diez criterios predefinidos desarrollados por Horwitz y Feinstein.

Búsqueda de datos

Este trabajo se ha llevado a cabo una revisión sistemática de la literatura científica publicada en materia de deserción y en relación con el ámbito social, familiar y económico Para su elaboración, se han seguido las directrices de la declaración PRISMA (Preferred Reporting Items for Systematic Reviews and Meta-Analyses) para una correcta ejecución de la revisión sistemática.

A continuación, se detalla el proceso de elaboración en sus distintas fases.

Búsqueda Inicial

Las primeras búsquedas se realizaron en abril de 2021 combinando los términos *"Deserción"* y *"Universitaria"* en las bases de datos de PubMed, Science-Direct y ProQuest. Posteriormente, se amplió con una combinación, usando los operadores booleanos AND y OR según conviniera, de los términos *"América Latina"*, *"Factores Económicos"*,

"Aspectos Sociales", *"Aspectos Familiares"*. Estas búsquedas arrojaron una cantidad considerable de resultados, bastantes de ellos repetidos o poco útiles para la revisión, pero nos dieron una visión global de la amplitud temática y permitieron comprobar que, en torno a ella, solo se había realizado previamente una revisión no sistemática.

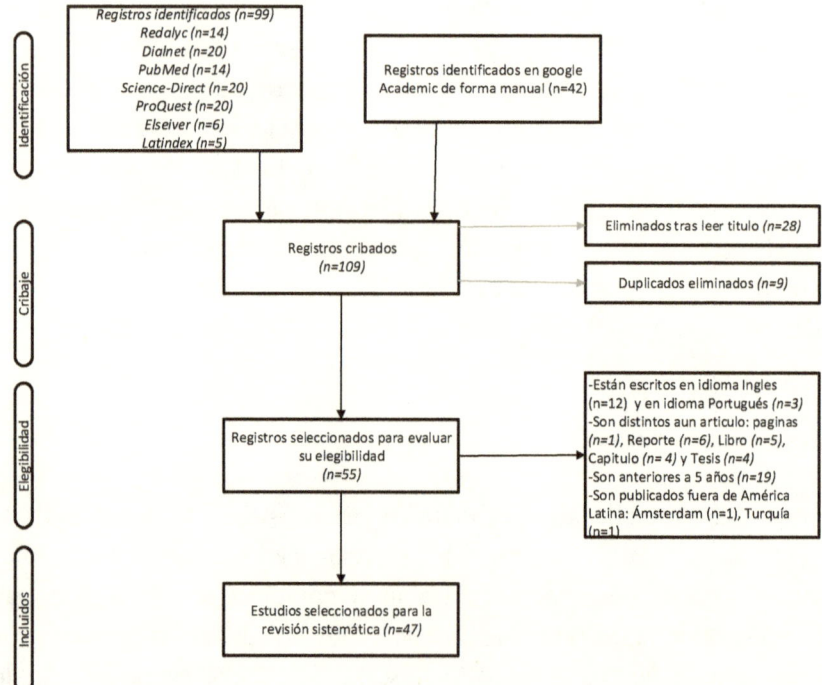

Figura 13. Diagrama de Flujo PRISMA en cuatro niveles.

Búsqueda sistemática

La búsqueda sistemática se realizó nuevamente en mayo 2021, en los buscadores Dialnet, Redalyc y Google Academic, acotando los resultados a las publicaciones realizadas desde 2016 hasta la actualidad.

La combinación de términos que arrojaron mejores resultados en ambos buscadores fue la siguiente: *(((dropout) AND (university)) AND (Latin American)) AND (factors)* en idioma Ingles y para el idioma español se utilizó: *"factores deserción universitaria américa latina"*

Específicamente, se obtuvieron 31 resultados en Google Academic, 12 en Redalyc, 9 en Dialnet, 6 en Science-Direct y PubMed y 5 en ProQuest. Antes de Proceder a la selección de artículos, se definieron los criterios de inclusión y exclusión.

Criterios de inclusión

- Debe tratarse de investigaciones empíricas y no de revisiones, estudios de caso único, libros, tesis o manuales.
- Que sean únicamente de américa latina.
- Que se incluya el aspecto familiar, económico y social en la investigación.
- Que sean de nivel superior o universitario.
- Que se hayan publicado entre os años 2016 y 2021

Criterio de exclusión

- Que sean de países fuera de américa.
- Que sean de nivel básico o de bachillerato.
- Síndrome de Burnout
- Que se hayan publicado entre os años 2016 y 2021

Según estos criterios, y solo con la lectura del título, se consideró adecuados 109 artículos (tras eliminar 7 duplicados entre las bases de datos). Se procedió a leer el resumen y, a partir de esta lectura, se descartaron 54 principalmente por la fecha de estudio la cual era menor a 2016 *(n=54)*, estar redactado en un idioma ingles *(n=12)* y en idioma portugués *n= 3)*, por no tratarse de artículos (en este rubro se descartaron: Reportes *(n=6)*, Libros *(n=5)*, Capítulos de libro *(n= 2)*, Tesis *(n=4))*, fueron descartados también los artículos publicados anteriores a 5 años permitiendo iniciar el registro en 2016 y que fueron publicados en América Latina ya que es el área de estudio definida (Ámsterdam *(n=1)* y Turquía *(n=8))*.

Finalmente 55 artículos cumplieron los criterios de inclusión y se seleccionaron para llevar a cabo la revisión sistemática. En ellos se señala la presencia de factores sociales, académicos, personales, familiares y económicos como las principales razones de deserción universitaria (Castillo-Sánchez et al., 2020) y dentro del contexto metodológico se ha logrado observar un análisis en un modelo presencial así como en un modelo virtual y distancia (Facundo Díaz, Ph. D, 2009). Se identificó también técnicas para extraer perfiles de comportamiento (Bedregal-Alpaca et al., 2020) así como un nuevo indicador para medir la deserción por departamento en programas universitarios (Rodriguez et al., 2018), otro factor que se incluyo fue el acompañamiento del tutor (Vargas Porras et al., 2019) y un tutor par (Ortiz et al., 2015) demostrando como apoyan a la disminución de la deserción escolar.

Resultados

Se revisaron un total de 141 artículos que incluían las palabras claves *"Factores deserción Universitaria Latinoamérica"* encontrados en diferentes bases de datos de revistas escritas en español de los cuales solo cubrieron los requisitos 47 artículos. En la figura 14 muestra la cantidad de artículos revisados por año.

Figura 14. Artículos revisados por año.

En seguida del proceso de búsqueda y selección, la muestra fue de 9 investigaciones con diseño descriptivo que hablan sobre el factor vocacional del docente y su afectación en la deserción universitaria. Co respecto a las características de los estudios, la tabla 2 se describen

28

aspectos generales. Sobre el tamaño de muestra los rangos que menor proporción de estudiantes en rango menor a 100 (31.03%), en rango de 101-500 (31.03%) y estudios con más de 500 estudiantes (55.17%). Los trabajos seleccionados fueron realizados.

Tabla 2. Características generales de los estudios seleccionados.

Características de los estudios	Frecuencia	% tamaño	Referencia
Tamaño Muestral			
Menos de 100 Participantes	4	13.79%	Natacha Pérez Cardoso, C., Antonia Cerón Mendoza, E., Pedro Suárez Mella, R., Elizabeth Mera Martínez, M., Paulina Briones Bermeo, N., & Yamara Zambrano Loor Miriam Enriqueta Barreto Rosado, L. (2019). Educación Médica. Educ Med, 20(2), 84–90. https://doi.org/10.1016/j.edumed.2017.12.013
Entre 101 y 500	9	31.03%	López Villafaña, L., Solache, A. B., & Antonio Pérez Chávez, M. (n.d.). Deserción escolar en universitarios del centro universitario UAEM Temascaltepec, México: estudio de caso de la licenciatura de Psicología School dropout in university students from UAEM Temascaltepec center, Mexico: a case study of Psychology degree. Retrieved January 20, 2021, from www.rinace.net/riee/
Más de 500 participantes	16	55.17%	Gardner Isaza, L., Dussán Lubert, C., & Montoya Londoño, D. M. (2016). Aproximación causal al estudio de la deserción de la Universidad de Caldas. Periodo 2012-2014. Revista Colombiana de Educación, 1(70), 319–340. https://doi.org/10.17227/01203916.70rce319.340

País donde se desarrolló el estudio		
Colombia	26	40%	Chalela-Naffah, S., Valencia-Arias, A., Ruiz-Rojas, G. A., & Cadavid-Orrego, M. (2020). Psycho-social and familial factors influencing drop-out rates among university students in the context of developing countries. Revista Lasallista de Investigación, 17(1), 103–115. https://doi.org/10.22507/rli.v17n1a9
México	12	18.46%	Seminara, M. P. (2020). La deserción universitaria: resiliencia como posibilidad de logro. Revista Digital Universitaria, 21(5). https://doi.org/10.22201/cuaieed.16076079e.2020.21.5.11
Ecuador	6	9.23%	Jesenia Pachay-López, M. I. (2021). La deserción escolar: Una perspectiva compleja en tiempos de pandemia School Dropout: A Complex Perspective in Times of Pandemic Abandono escolar: Uma perspectiva complexa em tempos de pandemia Ciencias de la educación Artículo de investigación. Polo Del Conocimiento, 6(1), 130–155. https://doi.org/10.23857/pc.v6i1.2129
Perú	5	7.69%	Bedregal-Alpaca, N., Aruquipa-Velazco, D., & Cornejo-Aparicio, V. (2020). Técnicas de Data Mining para extraer perfiles comportamiento académico y predecir la deserción universitaria. Revista Ibérica de Sistemas e Tecnologias de Informação, E27, 592–604.

Venezuela	2	3.08%	Albarrán Peña, J. (2019). La deserción estudiantil en la Universidad de Los Andes (Venezuela). Educación y Humanismo, 21(36), 60–92. https://doi.org/10.17081/eduhum.21.36.2806
Chile	1	1.54%	Himmel, E. (2002). Modelo de análisis de la deserción estudiantil en la educación superior. Calidad En La Educación, 17, 91. https://doi.org/10.31619/caledu.n17.409
Diseño de estudio			
Descriptivo	9	19.57%	Sánchez-Hernández, G., Barboza-Palomino, M., & Castilla-Cabello, H. (2017). Análisis de la deserción y los factores asociados a la permanencia estudiantil en una universidad peruana. Actualidades Pedagógicas, 1(69), 169–191. https://doi.org/10.19052/ap.4075
Analítico	6	13.04%	Barragán Moreno, S. P., & González Támara, L. (2017). Acercamiento a la deserción estudiantil desde la integración social y académica. Revista de La Educacion Superior, 46(183), 63–86. https://doi.org/10.1016/j.resu.2017.05.004
Momento de Medición			
Transversal	4	8.7%	Gómez-Restrepo, C., Padilla Muñoz, A., & Rincón, C. J. (2016). Deserción escolar de adolescentes a partir de un estudio de corte transversal: Encuesta Nacional de Salud Mental Colombia 2015. Revista Colombiana de Psiquiatria, 45, 105–112. https://doi.org/10.1016/j.rcp.2016.09.003

Cualitativo	6	13.04%	Miller, D., & Arvizu, V. (2016). Ser madre y estudiante. Una exploración de las características de las universitarias con hijos y breves notas para su estudio. Revista de La Educacion Superior, 45(177), 17–42. https://doi.org/10.1016/j.resu.2016.04.003
Instrumento de medición utilizado			
Cuestionario	19	41.3%	Chalela-Naffah, S., Valencia-Arias, A., Ruiz-Rojas, G. A., & Cadavid-Orrego, M. (2020). Psycho-social and familial factors influencing drop-out rates among university students in the context of developing countries. Revista Lasallista de Investigación, 17(1), 103–115. https://doi.org/10.22507/rli.v17n1a9
Entrevista a profundidad	6	13.04%	Castro-Montoya, B. A., Manrique-Hernández, R. D., González-Gómez, D., & Segura-Cardona, A. M. (2020). Trayectoria académica y factores asociados a graduación, deserción y rezago en estudiantes de programas de pregrado de una universidad privada de Medellín (Colombia). Formación Universitaria, 13(1), 43–54. https://doi.org/10.4067/S0718-50062020000100043

Sobre los artículos que abordan factores influyentes en la deserción universitaria, los más destacadas fueron: el aspecto económico *(24.49%)* (Mayorga et al., 2020), el aspecto familiar *(20.41%)* (Herrero et al., 2020), el aspecto académico *(14.29)*, el aspecto personal *(14.29%)* (Vries et al., 2011) y el aspecto social *(14.29)* (Chalela-Naffah et al., 2020) y esto se visualiza claramente en la figura 15.

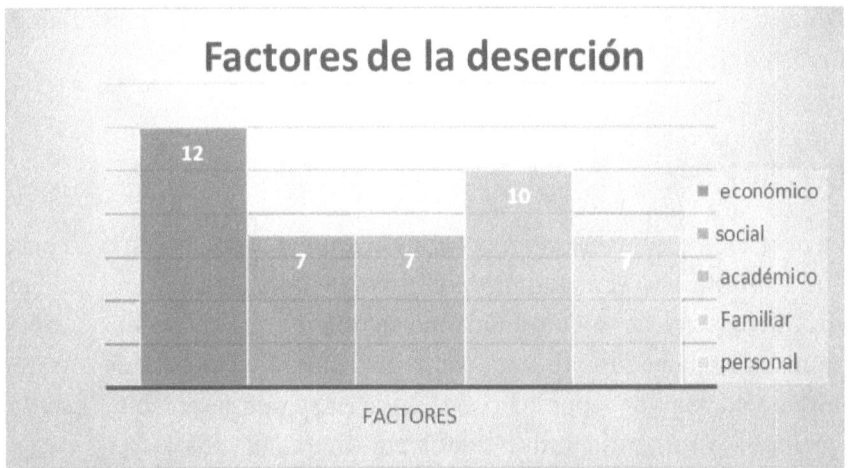

Figura 15. Factores que afectan la deserción.

Finalmente, con respecto a los factores internos y externos bilaterales asociados con la deserción en estudiantes universitarios se puede hacer mención de comportamientos violentos y acoso que presentan los estudiantes (Bernardo et al., 2020), situaciones laborales del estudiante, así como de su centro de trabajo (Rene & Alfonso, n.d.), incrementan la deserción, una mala orientación vocacional (Castro-Montoya et al., 2020)y la deserción en un plan de estudios de carreras de ingeniería es mayor si se compara con una carrera del área de humanidades o social (R, 2007), y el hecho de ser madre de familia también es considerada una causa que provoca la deserción académica

La mayoría de los estudios recomiendan el desarrollo de investigaciones longitudinales que permitan estudiar el proceso de la intención de abandono en los estudiantes universitarios. Del mismo modo destacan la importancia de considerar en los diseños de las futuras investigaciones el análisis de muestras de participantes de diversas carreras para poder analizar esta variable en las distintas áreas de formación, así como también la utilización de instrumentos de medida con propiedades psicométricas adecuadas que permitan obtener medidas válidas y confiables. En términos práctico, las investigaciones refieren el desarrollo de investigaciones experimentales, la aplicación de prácticas, orientaciones y estrategias de aula que aborden la intención de abandono, convirtiendo este proceso beneficioso para la formación profesional de los estudiantes.

Conclusiones

La deserción escolar es un proceso de alejamiento sucesivo de la escuela que culmina con el abandono por parte del adolescente. En el plano educativo, se observó que el término se utiliza para hablar de aquellos alumnos que abandonan toda educación que se encuentra dentro del sistema educativo impuesto por el gobierno que rija en aquel Estado (primaria, secundaria, universidad). por diferentes causas.

Se concluye a partir de la investigación realizada que a nivel global se intenta disminuir la deserción escolar en los diferentes niveles de estudio, específicamente en América Latina Colombia es uno de los países que más está investigando sobre el tema con muestra de participantes mínimos requeridos, con respecto al diseño empleado la mayoría de los estudios utiliza un método trasversal obteniendo la información de manera presencial y pocos estudios fueron empleadas escalas con propiedades adecuadas para la medición de la intención de abordaje.

Esta investigación permite poner en evidencia la necesidad de desarrollar estudios con escalas validadas para medir la intención de la deserción lo que permitirá identificar las poblaciones de riesgo, la eficacia de los programas, el tipo de orientación vocacional y la parte política con el fin de reducir la deserción y ampliar los saberes de las variables personales y académicas de este tema.

Es importante hacer mención acerca de la necesidad de diseñar nuevos modelos de intervención educativa de manera interna y externa que ayuden a tratar esta situación de manera puntual, con el fin de disminuir los problemas de deserción universitaria en América latina, y al mismo tiempo atender los diferentes factores que interactúan con el estudiante, los cuales, desencadenan en el abandono escolar.

Referencias Bibliográficas

Améstica-rivas, L., King-domínguez, A., Gutiérrez, D. S., & González, V. R. A. (2021). *Efectos económicos de la deserción en la gestión universitaria: el caso de una u niversidad pública chilena. 18*, 209–231.

Andreu, M. E. (2008). Los abandonos universitarios: retos ante el Espacio Europeo de Educación Superior. *Estudios Sobre Educación, 15*, 101–121.

Arce, M. E., Crespo, B., & Míguez-Álvarez, C. (2015). Higher Education Drop-Out in Spain-Particular Case of Universities in Galicia. *International Education Studies, 8*(5). https://doi.org/10.5539/ies.v8n5p247

Barwani, T. Al, & Al-mekhlafi, A. (2013). Causes of Student Absenteeism and School Dropouts Şeyma. *International Journal of Instruction, 6*(2).

Bedregal-Alpaca, N., Aruquipa-Velazco, D., & Cornejo-Aparicio, V. (2020). Técnicas de Data Mining para extraer perfiles comportamiento académico y predecir la deserción universitaria. *Revista Ibérica de Sistemas e Tecnologias de Informação, E27*, 592–604.

Benítez, A., Espinosa, C., Perea, N., & Zafra, S. (2019). Analysis of the factors of student desertion in the nursing undergraduate program of a private university of the municipality of palmira, Colombia. 2019 | [Análisis de los factores de deserción estudiantil en el programa de pregrado enfermería de una univ. *Archivos Venezolanos de Farmacologia y Terapeutica, 38*(4), 446–448.

Bernardo, A. B., Tuero, E., Cervero, A., Dobarro, A., & Galve-González, C. (2020). Acoso y ciberacoso: Variables de influencia en el abandono universitario. *Comunicar, 28*(64), 63–72. https://doi.org/10.3916/C64-2020-06 |

Castaño Gutierrez, C., & Gallego Torres, Y. G. (2020). *Análisis de las causas de deserción universitaria en la UNAD UDR Cali y su incidencia en los aspectos financieros para la cohorte del año 2018-2 versus 2018-1.*

Castillo-Sánchez, M., Gamboa-Araya, R., & Hidalgo-Mora, R. (2020). Factores que influyen en la deserción y reprobación de estudiantes de un curso universitario de matemáticas. *Uniciencia, 34*(1), 219–245. https://doi.org/10.15359/ru.34-1.13

Castro-Montoya, B. A., Manrique-Hernández, R. D., Gonzalez-Gómez, D., & Segura-Cardona, A. M. (2020). Trayectoria académica y factores asociados a graduación, deserción y rezago en estudiantes de programas de pregrado de una universidad privada de Medellín (Colombia). *Formacion Universitaria, 13*(1), 43–54. https://doi.org/10.4067/S0718-50062020000100043

Chalela-Naffah, S., Valencia-Arias, A., Ruiz-Rojas, G. A., & Cadavid-Orrego, M. (2020). Factores psicosociales y familiares que influyen en la deserción en estudiantes universitarios en el contexto de los países en desarrollo. *Revista Lasallista de Investigacion, 17*(1), 103–115. https://doi.org/10.22507/rli.v17n1a9

Deniza, M., Soto, M., Celina, C., & Díaz, G. (2020). ASPECTOS QUE INCIDEN EN LA DESERCIÓN UNIVERSITARIA, UN ANÁLISIS CRÍTICO. In *Revista educ@rnos.* http://orcid.org/0000-0002-4669-

Facundo Díaz, Ph. D, Á. H. (2009). Análisis sobre la deserción en la educación superior a distancia y virtual: el caso de la UNAD - COLOMBIA. *Revista de Investigaciones UNAD, 8*(2), 117. https://doi.org/10.22490/25391887.639

Herrero, E. T., Galavís, I. A., Contreras, A. U., Díez, F. J. H., & Bernardo Gutiérrez, A. B. (2020). Intención de abandonar la carrera: Influencia de variables personales y familiares. *Revista Fuentes, 22*(2), 142–152. https://doi.org/10.12795/revistafuentes.2020.v22.i2.05

Himmel, E. (2002). Modelo de análisis de la deserción estudiantil en la educación superior. *Calidad En La Educación, 17*, 91. https://doi.org/10.31619/caledu.n17.409

Lemos Ruiz, C. C., Cardeño Portela, E., & Siosi Pino, M. (2016). Factores Asociados a la Deserción Institucional en la Universidad de la Guajira. *Escenarios, 14*(1), 19. https://doi.org/10.15665/esc.v14i1.875

Marte, R., & Lamec, F. (2021). Determinantes de la deserción universitaria: un estudio de caso en la República Dominicana. *International Journal of Interdisciplinary Studies*, *2*(1), 255–268.

Mayorga, C., Magaña, C., & Palmero, R. (2020). Causas de la deserción escolar en Ingeniería en Electrónica y Computación del Centro Universitario de los Valles de la Universidad de Guadalajara (México). *ESPACIOS*, *41*(06), 15.

Ortiz, D., Gaete, R., & Villarroel, V. (2015). ¿Es la tutoría de pares una estrategia para evitar la deserción? *Congresos CLABES V Conferencia Latinoamericana Sobre El Abandono En La Educación Superior*. https:// core.ac.uk/download/pdf/234020727.pdf

R, M. E. L. M. . S. H. L. . E. M. P. (2007). *La deserción en la Universidad de los Llanos Desertion in the University of the Llanos*. 23–40.

Ramírez, S. M. R., Velásquez, D. U., Zapata, E. P., Velásquez, C., & Ramírez, E. M. H. (2020). Perfiles de riesgo de deserción en estudiantes de las sedes de una universidad colombiana. *Revista de Psicologia (Peru)*, *38*(1), 275–297. https://doi.org/10.18800/psico.202001.011

Rene, W., & Alfonso, M. (n.d.). *SURVIVAL MODEL FOR STUDENT DROPOUT FROM THE TECHNICAL LEVEL PROGRAMS IN A WORK TRAINING HEI IN THE CITY OF BOGOTÁ John González Veloza Lida Rubiela Fonseca Gómez*.

Rodriguez, A. B., Espinoza, J., Ramirez, L. J., & Ganga, A. (2018). Deserción Universitaria: Nuevo Análisis Metodológico. *Formación Universitaria*, *11*(6). https://doi.org/10.4067/s0718-50062018000600107

Rodríguez Lagunas, J., & Hernández Vázquez, J. M. (2008). La deserción escolar universitaria en México. La experiencia de la Universidad Autónoma Metropolitana Campus Iztapalapa. *Revista Electrónica "Actualidades Investigativas En Educación,"* 31. https://biblat.unam. mx/es/revista/actualidades-investigativas-en-educacion/articulo/ la-desercion-escolar-universitaria-en-mexico-la-experiencia-de-la-universidad-autonoma-metropolitana-campus-iztapalapa

Tinto, V. (1975). Dropout from Higher Education: A Theoretical Synthesis of Recent Research. *Review of Educational Research*, 45(1), 89. https://doi.org/10.2307/1170024

Tuero Herrero, E., Cervero, A., Esteban, M., & Bernardo, A. (2018). ¿POR QUÉ ABANDONAN LOS ALUMNOS UNIVERSITARIOS? VARIABLES DE INFLUENCIA EN EL PLANTEAMIENTO Y CONSOLIDACIÓN DEL ABANDONO. *Educacion XX1*, *21*(2), 131–154. https://doi.org/10.5944/educXX1.20066

Vargas Porras, C., Parra, D. I., & Roa Díaz, Z. M. (2019). Factores relacionados con la intención de desertar en estudiantes de enfermería. *Revista Ciencia y Cuidado*, *16*(1), 86–97. https://doi.org/10.22463/17949831.1545

Vries, W. de, León Arenas, P., Romero Muñoz, J. F., & Hernández Saldaña, I. (2011). ¿Desertores o decepcionados? Distintas causas para abandonar los estudios universitarios. *Revista de La Educación Superior*, 29–49.

http://www.scielo.org.mx/scielo.php?script=sci_arttext&pid=S0185-27602011000400002

CAPÍTULO III

LIDERAZGO ESTUDIANTIL EN EL INSTITUTO TECNOLÓGICO SUPERIOR DE LA SIERRA NORTE DE PUEBLA.

Hugo Flores Pérez, Jorge Hernández Pérez, José Víctor Galaviz Rodríguez, Lorena Santos Espinosa.

Resumen

El presente trabajo, fue elaborado con el propósito de generar conocimiento y dar a conocer a los alumnos del Instituto Tecnológico Superior de la Sierra Norte de Puebla (ITSSNP), las habilidades de liderazgo necesarias para terminar una carrera profesional y contribuir en los esfuerzos de disminuir los índices de reprobación y deserción escolar, ponerlo al alcance de toda la comunidad estudiantil, ya que la presente investigación brinda las herramientas básicas de un líder, y sirve de guía para que los estudiantes puedan orientarse y realizar de una manera segura las actividades profesionales, que les permita obtener beneficios y un crecimiento personal. Asimismo, este trabajo se hace como parte de la preparación profesional de los estudiantes. El planteamiento del problema desarrollado fue que el liderazgo es una herramienta crucial para lograr metas y objetivos de cualquier organización, pública o privada. Sin embargo, muchas organizaciones e integrantes se olvidan de ellas. En las universidades y el Sistema de Educación Superior Tecnológica, también es importante averiguar cuáles son las características necesarias para terminar la carrera profesional, porque se ha observado la falta de comunicación alumno- profesor, también se desconocen los motivos que tienen los estudiantes para estudiar su carrera, así como las causas por las cuales dejan la carrera, por lo que es importante conocer cuáles son las cualidades y las capacidades del liderazgo estudiantil necesarias para alcanzar finalizar sus estudios de educación superior. A través de esta investigación se pretende obtener información de utilidad que permita al estudiante desarrollar las habilidades de liderazgo estudiantil, contar con todos los elementos o herramientas necesarias para desarrollarlos partiendo de la situación actual de los estudiantes.

Palabras clave: Liderazgo, Motivación, Comunicación, Inteligencia Emocional, Toma de decisiones, Clima Organizacional.

Abstract

This work was prepared with the purpose of making known to ITSSNP students, the leadership skills necessary to finish a professional career and contribute to the efforts to reduce the failure rates and school dropout rates, make it available to all student community, since this research provides the basic tools of a leader, and serves as a guide so that students can orient themselves and safely carry out professional activities, allowing them to obtain benefits and personal growth. Also, this work is done as part of the professional preparation of the students. The statement of the problem developed was that leadership is a crucial tool to achieve goals and objectives of any organization, public or private. However, many organizations and members forget about them. In the universities and the Technological Higher Education System, it is also important to find out what are the characteristics necessary to finish the professional career, because the lack of student-teacher communication has been observed, the reasons that students have for studying their studies are also unknown. career, as well as the causes for which they leave the career, so it is important to know what are the qualities and capacities of student leadership necessary to reach the end of their higher education studies. Through this research it is intended to obtain useful information that allows the student to develop student leadership skills, having all the elements or tools necessary to develop them based on the current situation of the students.

Keywords: Leadership, Motivation, Communication, Emotional Intelligence, Decision Making, Organizational Climate.

Introducción

En esta investigación se desarrolla el tema de liderazgo estudiantil para que los alumnos del ITSSNP desarrollen y ejerzan las habilidades de un buen liderazgo. El propósito es proporcionar a los alumnos sobre las herramientas de liderazgo necesarias que deben poner en práctica para terminar su carrera y Disminuir los índices de reprobación y deserción en el ITSSNP. El planteamiento del problema fue que el liderazgo es una herramienta crucial para lograr metas y objetivos de cualquier organización, pública o privada. Sin embargo, muchas organizaciones e integrantes se olvidan de ellas. En las universidades y el Sistema de Educación Superior Tecnológica, también es importante averiguar cuáles son las características necesarias para terminar la carrera profesional, porque se ha observado la falta de comunicación alumno-profesor, también se desconocen los motivos que tienen los estudiantes para estudiar su carrera, así como las causas por las cuales dejan la carrera, por lo que es importante conocer cuáles son las cualidades y las capacidades del liderazgo estudiantil necesarias para alcanzar finalizar sus estudios de educación superior. La justificación es que El siguiente trabajo de investigación es conveniente para los diferentes actores del proceso educativo de la enseñanza a nivel superior para estar al tanto de los estilos de liderazgo de los alumnos y conocer las habilidades que deben poner en acción para facilitar la terminación de su carrera profesional. También esta investigación pretende disminuir la deserción estudiantil al conocer el alumno herramientas de liderazgo. Para lo cual La hipótesis desarrollada es La puesta en práctica de las habilidades de liderazgo por el alumno del ITSSNP, le permitirá terminar su carrera y disminuir los índices de reprobación y deserción.

Esto se convierte en una fortaleza para los estudiantes, ya que se da a conocer las herramientas de un buen liderazgo para que sean adquiridos y desarrollados por los estudiantes de la educación superior.

Metodología

El presente estudio sobre liderazgo estudiantil es de tipo exploratorio-descriptivo, correspondiente al semestre enero – junio 2021, y está integrado la muestra por 50 alumnos de la carrera de Contador Público, 22 alumnos de Ingeniería Informática, 5 alumnos de Ingeniería Forestal, 1 alumno de Ingeniería Industrial, y 2 alumnos de Gastronomía. Para la recolección de la información, se recurrió a hacer una revisión bibliográfica del objeto de estudio de Liderazgo Estudiantil, tanto en fuentes de información primaría como secundaría para analizar todos los factores analizados referentes al liderazgo. También se construyó un cuestionario en donde se identificaron las competencias de liderazgo estudiantil como competencias que un estudiante de las carreras que se imparten el Instituto Tecnológico Superior de la Sierra Norte de Puebla debe de conocer, y que sirvieron para identificar las competencias de liderazgo estudiantil que los estudiantes practican durante el estudio de su carrera profesional en el Instituto, Tecnológico Superior de la Sierra Norte de Puebla.

Resultados

El primer factor observado fue el grado de motivación de los estudiantes para estudiar la carrera, en donde 27 alumnos contestaron que se encuentran muy motivados los cuales representan el 33.8% y también se encontró que 2 estudiantes se encuentran poco motivados mismos que representan el 2.5% y un estudiante contesto que se encuentra desmotivado el cual representa el 1.2 %, como se muestra en la figura 16.

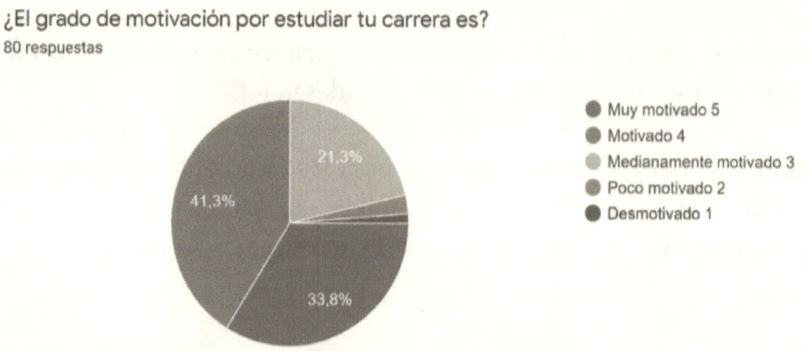

Figura 16. Motivación por la carrera.

El grado de motivación es uno de los aspectos más importantes para que se dé el aprendizaje y no hay duda de que cuando no existe los estudiantes difícilmente aprenden, la motivación es el motor del aprendizaje (Ospina, 2006). Y es que también se encontraron 17 respuestas de alumnos que se encuentran medianamente motivados, por lo que resulta una excelente oportunidad para investigar las causas por las cuales los estudiantes se encuentra medianamente motivados, poco motivados y nada motivados.

Al hacer el análisis si la carrera que estudian los alumnos cumplen con sus expectativas los resultados que se encontraron fueron que el 57.5% y el 28.7% está completamente de acuerdo y de acuerdo, y el 10% no estuvo ni de acuerdo ni en desacuerdo el 1.2% en desacuerdo y el 2.5 % están totalmente en desacuerdo como muestra en figura 17.

¿Mi carrera que estudio cumple con mis expectativas y voy directo a conseguir mi objetivo de titulación?
80 respuestas

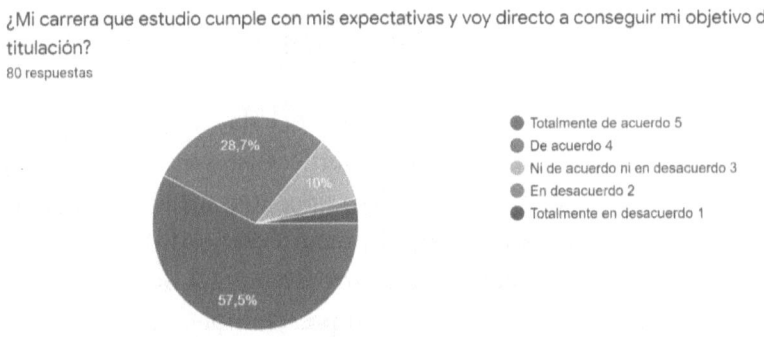

Figura 17. Grado de cumplimiento de expectativas por la carrera.

En la actualidad el estudio de las expectativas de los estudiantes universitarios es interesante también denominado autorrealización, actualmente parece que la influencia del alumnado sobre el profesorado y el proceso de enseñanza aprendizaje va en aumento y va sobre lo que el alumno espera (Pichardo, García, De la Fuente, & Justicia, 2007). Y cuando a los alumnos se les pregunto sobre si su carrera les permitiría conseguir un buen trabajo el 80% y el 12.5% contesto estar completamente de acuerdo y de acuerdo y el 6.3% contesto ni de acuerdo ni en desacuerdo y totalmente en desacuerdo el 1.2%, por lo que existe un margen de alumnos en los cuales la carrera que estudian no cumple con sus expectativas.

La comunicación dentro del proceso de enseñanza es un elemento fundamental en la pregunta si como alumno participas en clases el 12.5% y el 33.8% contestaron muy frecuentemente y frecuentemente respectivamente y 36.2% dijo que ocasionalmente y 12.5% y 5% contesto que raramente y nunca como muestra la figura 18.

¿Tu participación en clases es?
80 respuestas

Figura 18. Grado de participación de los alumnos en las clases.

La comunicación es determinante en la sociedad en que vivimos, y para algunos poseer una técnica comunicativa asegura el éxito en todos los aspectos: laboral, científico, docente, social y personal y en particular la comunicación es el vínculo esencial del proceso de enseñanza aprendizaje (del Barrio, Castro, Ibáñez, & Borragán, 2009). La participación de los alumnos es imprescindible para alcanzar el aprendizaje y sin embargo cuando se preguntó también como era la comunicación entre maestro alumnos las respuestas fueron 23.8% y 52.5% consideraron que muy bien y bien respectivamente, 20% la considera regular y 2.5% y el 1.2% consideraron la comunicación mal y muy mal, lo que puede influir en el proceso de aprendizaje de los alumnos. Y es que cuando se práctica la comunicación los resultados de enseñanza aprendizaje pueden cambiar el panorama de aprendizaje, así cuando se preguntó al alumno si platicar los temas y dudas académicas con sus maestros le ayuda a mejorar tu promedio, el 31.3% y 46.3% contestaron que siempre y casi siempre, el 18.8% contestaron que algunas veces y el 2.5% y el 1.2% contestaron que muy pocas veces y nunca respectivamente como se muestra en la figura 19.

¿Cuándo platicas temas y dudas académicas con un maestro consideras que te ayuda a mejorar tu calificación?
80 respuestas

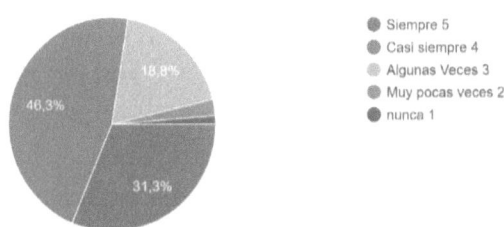

Figura 19. Grado de aclaración de dudas de clase para mejorar calificación.

Cuando se práctica una acertada comunicación académica entre maestros y alumnos los resultados pueden ser favorables para los alumnos y es que cuando el dialogo se fomenta en el aula, no importa que sea asimétrica, democrática o participativa que permita al alumno desarrollar su autonomía y conquistar su conocimiento (García, García, & Reyes, 2014) La comunicación es una herramienta importante del liderazgo estudiantil que le permite ir mejorando notablemente sus calificaciones. Y es que la comunicación es influencia e interrelación entre maestro alumno dinámica natural del proceso de enseñanza aprendizaje y al preguntar al estudiante si le gusta influir en los demás el 22.5% y el 42.5% contestaron totalmente de acuerdo y de acuerdo respectivamente, el 28.7% contesto ni en desacuerdo ni de acuerdo y el 5% y el 1.2 % en desacuerdo y totalmente en desacuerdo como se muestra en la figura 20.

¿Te gusta influir en los demás?
80 respuestas

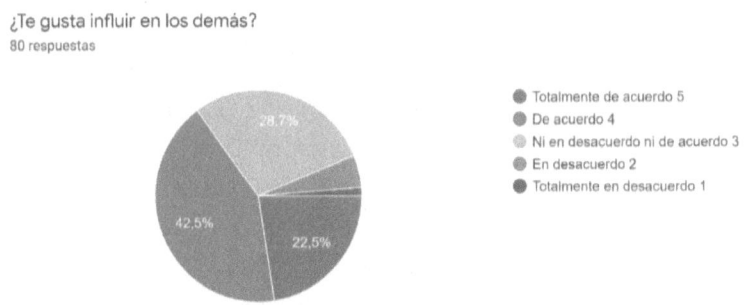

Figura 20. Grado de influencia del alumno a los demás.

La comunicación persuasiva es un proceso que incluye un conjunto de estímulos que modifican la conducta, el contenido del mensaje la forma en que se integra y se genera (Basanta, 2009) y es que la comunicación tiende a ser persuasiva en el ámbito académico y debe permitirle al alumno conseguir sus objetivos tanto de aprendizaje, comprensión y de aprobación. Las interrelaciones entre las personas también deben de darse dentro de un marco ético en el ámbito académico para que el proceso de enseñanza aprendizaje pueda darse y cumplir con sus objetivos y es importante ver que en la pregunta realizada a los alumnos ¿Cuándo trabajas en equipo respetas las opiniones de tus compañeros? las respuestas fueron el 81.3% y el 17.5 % contesto casi siempre y usualmente respectivamente y el 1.2% contesto ocasionalmente, como lo muestra en la figura 21.

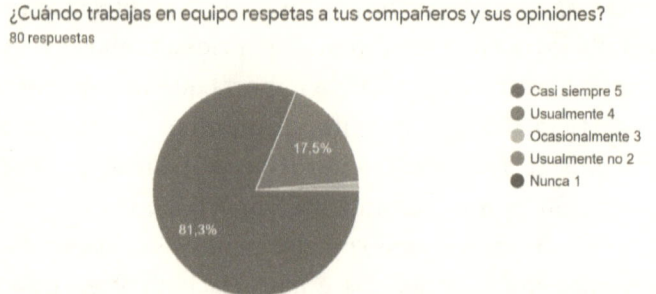

Figura 21. Grado respecto del alumno al trabajar en equipo.

Es interesante observar que interrelaciones entre estudiantes se da de forma mayor en un marco de respeto entre pares, hace referencia a una actitud moral por la que se aprecia la dignidad de una persona y se puede apreciar en una escala de valoración hacia las habilidades que se poseen, en el aprecio de las ideas y creencias de sus compañeros sin distinción de sexo y edad, igualdad de compañeros valoración de la vida y el cuerpo humano (Uranga, Rentería, & González, 2016), y al preguntarles sobre su responsabilidad de cumplir con los criterios de evaluación las contestaciones fueron 46.3% y 46.3 manifestaron siempre y casi siempre, 6.3% y 1.2% manifestaron algunas veces y muy pocas veces, criterios que son importantes para acreditar las materias de los alumnos. Así mismo a la pregunta de asistencia y puntualidad a clases por parte de los alumnos los resultados fueron 41.3% y 47.5 fue muy buena y buena, 8.8% fue regular y el 1.2 % y 1.2% fue para mal y muy mal respectivamente como se muestra en la figura 22.

¿Mi asistencia y puntualidad a mis clases es ?
80 respuestas

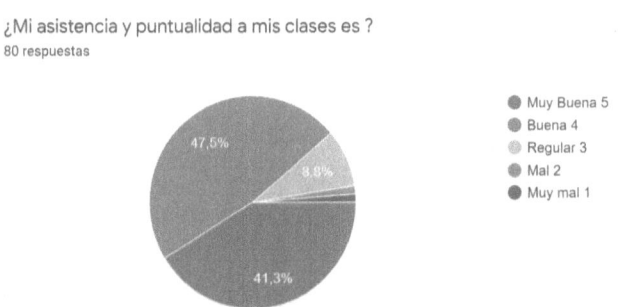

Figura 22. Grado de puntualidad y asistencia de clase.

Es importante destacar que tanto profesores como estudiantes suelen demandar más tiempo para alcanzar los fines formativos propuestos (Martinic, 2015), por lo que una administración adecuada de los recurso disponibles incluido el tiempo, resulta ser un aspecto de suma importancia para los docentes para beneficiar a los estudiantes y así contribuir a su aprendizaje (Gutiérrez & Chaparro, 2017), la puntualidad y la asistencia en clases siempre debe contribuir a mejorar la calidad educativa de las escuelas.

Al preguntar a los alumnos del ITSSNP, ¿Qué sentía al recibir una buena calificación?, el 86.1% comento que alegría, el 12.7% sorpresa y el 1.3% miedo, y de la misma manera si identifica su emoción al recibir una mala calificación, alegría 0%, sorpresa 24.1%, 59.5% manifestó tristeza el 10.1 % miedo y el 6.1% ira, como lo muestra en la figura 23.

¿Identifica tu emoción al recibir una mala calificación?
79 respuestas

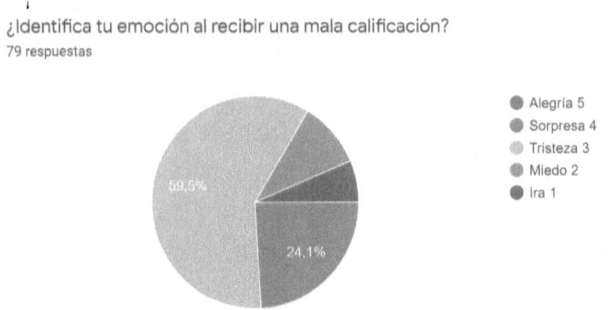

Figura 23. Identificación de emociones ante una mala nota.

La inteligencia emocional de las personas son claves para percibir, evaluar, comprender, expresar y autorregular diversos estados emocionales, esta habilidad que poseen las personas para motivarse y persistir frente a las decepciones que pueda sufrir, y la habilidad para controlar los impulsos (de la Barrera, Donolo, Soledad, & González, 2012) y es que los estudiantes deben de saber que la inteligencia emocional sirve para controlar las emociones en el ámbito académico es fundamental para superar esas malas notas de calificaciones. Al preguntar si como alumno ¿te alejas de tus clases y tus maestros al recibir una mala calificación? y los resultados obtenidos fueron, nunca 53.2%, muy pocas veces 17.7 %, algunas veces 25.3% y el 3.8% casi siempre y 0% siempre como se observa en la figura 24.

¿Te alejas de tus clases y maestros al recibir una mala calificación?
79 respuestas

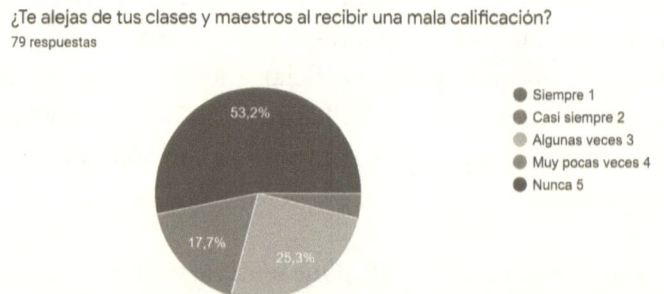

Figura 24. Grado de alejamiento ante una mala nota.

Y es que las consecuencias que se pueden originar en los estudiantes en una mala calificación cuando no alcanza el promedio para acreditar las asignaturas y cuando se da el caso de haber repetido una asignatura puede originar en él insatisfacción personal, desmotivación, baja autoestima y la imposibilidad de concluir con éxito sus estudios (Contreras, Caballero, Palacios, & Pérez, 2008) y sin embargo es necesario mencionar que lo que prevalece en la educación superior es la medición o calificación bajo la premisa que el aprendizaje, el razonamiento, la inteligencia y la creatividad pueden ser valorados con números y sin embargo muchos especialistas han argumentado que esto pervierte la motivación genuina del aprendizaje y constituye un factor determinante para el menoscabo del pensamiento de los jóvenes (Villarroel, 2012). Por lo que se requiere empoderar a los alumnos para que ellos mismos construyan su propio aprendizaje a través del aprendizaje significativo y en una de las preguntas realizadas ¿Consideras que la escuela y tus maestros te comparten el poder y la autoridad de tu proceso de aprendizaje las respuestas de los alumnos fueron 23.8% contestaron totalmente de acuerdo, 55% de acuerdo, un 17.5% de manifestaron indecisos, el 2.5% en desacuerdo y el 1.2% se manifestó totalmente en desacuerdo como lo muestra en la figura 25.

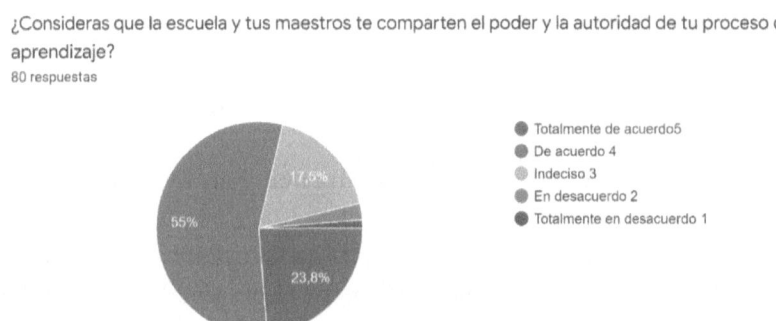

Figura 25. Grado de empoderamiento del maestro al alumno.

Con el sentido de empoderar a los alumnos se formuló la siguiente pregunta ¿Te gustaría tener un acompañamiento escolar entre pares (alumnos)? y las respuestas que manifestaron son 22.5% totalmente de acuerdo, 46.3% de acuerdo, 25% indecisos, en desacuerdo el 3.7% y totalmente en desacuerdo el 2.5%, y es que el empoderamiento implica resolver problemas delegar poder y autoridad a los subordinados para mejorar las condiciones de vida en las organizaciones y en el ámbito estudiantil el empoderamiento requerirá de un proceso de concienciación que le permita al estudiante reconocerse no sólo con capacidades, sino asumirse como protagonista en el hecho educativo, que problematice, cuestione, que proponga acciones de cambio individual y colectivas con responsabilidad hacia sí mismo, su institución y su sociedad (Silva, Gandoy, Jara, & Pacenza, 2015).

Los estudiantes continuamente están tomando decisiones desde el momento en que deciden qué carrera estudiar, así al preguntar ¿La decisión de estudiar mi carrera fue por influencia? las respuestas fueron

77.5% contesto por decisión propia, compañeros de escuela 0%, por influencia de la familia 10%, por amigos y conocidos 2.5% y otros un 10%. Como se muestra en la figura 26.

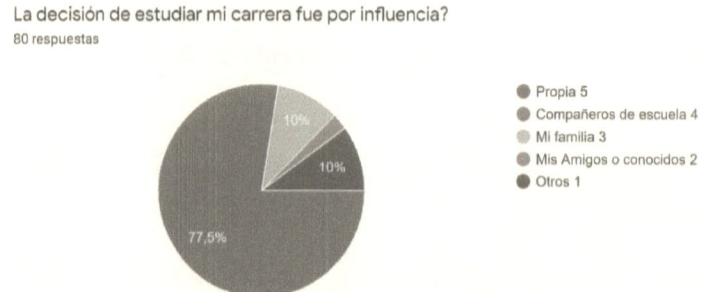

La decisión de estudiar mi carrera fue por influencia?
80 respuestas

- Propia 5
- Compañeros de escuela 4
- Mi familia 3
- Mis Amigos o conocidos 2
- Otros 1

Figura 26. Grado de toma de decisiones del alumno para elegir su carrera.

Por lo que la decisión de estudiar la carrera en la mayoría de los alumnos fue por decisión propia, también se realizó la pregunta ¿Qué decisión tomas cuando entras a una clase y no alcanzas a comprenderla?, donde sólo el 26.3% contesto que le pregunta al maestro, el 11.2% solicita asesoría, el 1.3% le pregunta a su tutor, el 55% le pregunta a su compañero y el 6.3% no hace nada. Y es que la importancia de la tutoría favorece las habilidades de estudio independiente en ayudas o guías al tutorado para que localice información y/o aplique estrategias para resolver problemas, en segundo lugar se pretende que el alumno desarrolle sus capacidades de asimilación del aprendizaje (Chávez & Vargas, 2007). Y de la misma manera las respuestas a la pregunta de ¿Conque frecuencias solicitas asesoría de tus materias?, las respuestas fueron muy frecuentemente 0%, frecuentemente 3.8%, ocasionalmente 37.5%, raramente 41.3% y nunca 17.5%, y es que en el ámbito educativo las personas dialogan, se hablan y escuchan, juntas aprenden y mejoran, no sólo quien viene a aprender, sino también quien tiene algo que enseñar y compartir (Bertella & et al), y por ultimo a la pregunta ¿Cómo consideras el clima escolar en el ITSSNP? Las respuestas son muy adecuadas 23.6%, adecuado 58.3%, ni adecuado ni inadecuado 16.7%, inadecuado 1.4% y muy inadecuado 0%, el clima en el aula debe de ser favorable para el aprendizaje en la medida que los profesores/as logren un clima de tranquilidad, relajación y confianza, los estudiantes va a aprender más y mejor (Sandoval, 2014), el ambiente en el aula es importante para el aprendizaje y la calidad de las relaciones interpersonales propician que el aprendizaje sea optimo (Castro & Morales, 2015)

Conclusiones

Este estudio sobre liderazgo estudiantil realizado en el Instituto Tecnológico Superior de la Sierra Norte de Puebla, nos ha aportado elementos importantes de la realidad y percepción de los estudiantes que estudian su carrera profesional, y nos queda claro que la gran mayoría de los estudiantes que utilizan las herramientas del liderazgo pueden tener un mayor aprovechamiento, por lo tanto, las hipótesis "La puesta en práctica de las habilidades de liderazgo por los alumnos del ITSSNP, le permitirá terminar su carrera y disminuir los índices de reprobación y deserción" lo cual se pudo comprobar con los diferentes factores analizados como la motivación, la comunicación, el logro de metas, los valores y el clima organizacional.

Tradicionalmente se habla de liderazgo estudiantil y se habla del liderazgo del profesor como el modelo y los responsables de la enseñanza y aprendizaje, pero nos estamos olvidando, que los estudiantes juegan un papel importante en el logro de los objetivos de las escuelas, y que son seres humanos, personas que piensan, que sienten, que viven y que no solamente son recipientes a los cuales se les tienen que llenar de información y conocimientos.

Referencias

Basanta, Z. G. (2009, enero-abril). Comunicación persuasiva y mediación de conflictos organizacionales en universidades. *Revista de Educación Laurus, 15*(29), 98-113. Retrieved 05 05, 2021, from https://www.redalyc.org/pdf/761/76120642006.pdf

Bertella, M. A., & et al. (n.d.). *El asesoramiento personalizadoen la universidad.* (M. I. Monserrat, Ed.) Universidad Austral. Retrieved 05 09,

2021, from https://www.austral.edu.ar/eedu/wp-content/uploads/2020/06/El-asesoramiento-acad%C3%A9mico-personalizado-en-la-universidad.pdf

Castro, P. M., & Morales, R. M. (2015, septiembre-diciembre). Los ambientes de aula que promueven el aprendizaje, desde la perspectiva de los niños y niñas escolares. *Revista Electronica Educare, 19*(03), 1-32. Retrieved 05 09, 2021

Chávez, R. R., & Vargas, C. C. (2007, enero-junio). El papel de la asesoría académica en los programas de tutorías: caso ITT. *Tiempo de Educar, 8*(15), 9-36. Retrieved 05 09, 2021, from https://www.redalyc.org/pdf/311/31181502.pdf

Contreras, K., Caballero, C., Palacios, J., & Pérez, A. M. (2008, julio-diciembre). Factores asociados al fracaso académico en estudiantes universitarios de Barranquilla (Colombia). *Psicología desde el Caribe*(22), 110-135. Retrieved 05 07, 2021, from https://www.redalyc.org/pdf/213/21311866008.pdf

de la Barrera, M. L., Donolo, D. S., Soledad, A. L., & González, M. M. (2012, enero-junio). Inteligencia emocional y ambientes escolares: una propuesta psicopedagógica. *Enceñanza e Investigación en Psicología, 17*(1), 63-81.

del Barrio, J. A., Castro, A., Ibáñez, A., & Borragán, A. (2009). El proceso de comunicación en la enseñanza. *INFAD, Revista de Psicología, 2*(1), 387-395. Retrieved 05 05, 2021, from https://www.redalyc.org/pdf/3498/349832321042.pdf

García, R. E., García, R. A., & Reyes, A. J. (2014, julio-diciembre). Relación maestro alumno y sus implicaciones en el aprendizaje. *Revista Ra Ximhai, 10*(5), 279-290. Retrieved 05 05, 2021, from https://www.redalyc.org/pdf/461/46132134019.pdf

Gutiérrez, R. G., & Chaparro, C. L. (2017). La organización escolar como variable asociada al logro educativo. *Revista Innovación Educativa, 17*(74), 41-60. Retrieved 05 07, 2021

Martinic, S. (2015). El tiempo y el aprendizaje escolar, la experiencia de la extensión de la jornada escolar en Chile. *Revista Brasileira de educaco, 20*(61), 479-499. Retrieved 05 07, 2021, from https://www.scielo.br/pdf/rbedu/v20n61/1413-2478-rbedu-20-61-0479.pdf

Ospina, R. J. (2006, octubre). La motivación, motor del aprendizaje. *Revista Ciencias de la Salud, 4*, 158-160. Retrieved 05 05, 2021, from https://www.redalyc.org/pdf/562/56209917.pdf

Pichardo, M. M., García, B. A., De la Fuente, A. J., & Justicia, J. F. (2007). Estudio de las espectativas en la Universidad: An+alisis de trabajos empríricos y futuras líneas de investigación. *Revista Electróniva de Investigación Educativa, 9*(1), 1-16. Retrieved 05 05, 2021, from https://redie.uabc.mx/redie/article/view/153/263

Sandoval, M. M. (2014, diciembre). Convivencia y clima escolar: claves de la gestión del conocimiento. *Revista Última Decada*, 153-178. Retrieved 05 09, 2021, from https://scielo.conicyt.cl/scielo.php?script=sci_arttext&pid=S0718-22362014000200007

Silva, P. Y., Gandoy, F., Jara, C., & Pacenza, M. I. (2015, julio-diciembre). Liderazgo del docente y niveles de empoderamiento de los estudiantes en un seminario de prácticas comunitarias de una universidad pública argentina. *Cuadernos de Administración, 31*(54), 68-79. Retrieved 05 07, 2021, from https://www.redalyc.org/pdf/2250/225044440008.pdf

Uranga, A. M., Rentería, S. D., & González, R. G. (2016, julio- diciembre). La práctica del valor del respeto en un grupo de quinto grado de educación primaria. *Revista Ra Ximhai, 12*(6), 187-204. Retrieved 05 05, 2021, from https://www.redalyc.org/pdf/461/46148194012.pdf

Villarroel, I. J. (2012). Las calificaciones como obstaculo para el desarrollo del pensamiento. *Sophia, Colección de filosofía de la Educación*(12), 141-151. Retrieved 05 07, 2021, from https://www.redalyc.org/pdf/4418/441846101009.pdf

CAPÍTULO IV

PROPUESTA DE REINGENIERÍA EN UNA EMPRESA DE BORDADOS "SANTA TERESITA" PROCESO ARTESANAL.

Javier Hilario Reyes Córdova, Fausto Hernández Tlatelpa,
Roberto Avelino Rosas, Randy Delgado González.

Resumen

El presente trabajo muestra la propuesta de reingeniería que se llevó a cabo en una empresa de bordados dado que las empresas de bordado tipo artesanal en equipo y que ha estado creciendo son cada vez más, y se trata de un mercado emergente, y la región de Tehuacán no es la excepción. Dicha situación ha provocado que las empresas cada vez quieran mejorar, en sus procesos, su calidad e incluso en la cantidad de producción. Dando como resultado que cada vez más, las organizaciones salgan de su zona de confort y funcionamiento anticuado, atreviéndose a implementar técnicas y métodos de mejora continua, por lo que no todo mejoramiento implica compra de maquinaria actualizada, ni una inversión grande, por lo que a partir de analizar el problema y establecer las áreas de oportunidad para mejorar la productividad y calidad del producto a partir de la reingeniería de los procesos. las problemáticas más relevantes de la empresa, sobre qué es lo que se va a realizar durante la estancia en la empresa y los objetivos que se quieren lograr con las implementaciones, por lo que es importante conocer sus antecedentes, su organización y sobre su filosofía, así como la descripción de sus áreas y de lo que se realiza en cada una de ellas, se procedió a establecer un cronograma de actividades y el proceso detallado de la realización de la reingeniería en la empresa y las diferentes técnicas de apoyo que fueron requeridas para la implementación, para establecer los primeros resultados y las conclusiones.

Palabras clave: Artesanal, Reingeniería, Bordado, CNC.

Abstract

The present work shows the reengineering proposal that was carried out in an embroidery company given that there are more and more companies of embroidery type artisan team and that has been growing, and it is an emerging market, and the region of Tehuacán is no exception. This situation has caused companies to increasingly want to improve, in their processes, their quality and even in the quantity of production. As a result, more and more, organizations leave their comfort zone and outdated operation, daring to implement techniques and methods of continuous improvement, so that not all improvement implies the purchase of updated machinery, nor a large investment, so from analyzing the problem and establishing the areas of opportunity to improve the productivity and quality of the product from the reengineering of the processes. The most relevant problems of the company, about what is going to be done during the stay in the company and the objectives to be achieved with the implementations, so it is important to know its background, its organization and its philosophy, as well as the description of their areas and what is done in each of them, a schedule of activities and the detailed process of carrying out the reengineering in the company and the different support techniques that were required for implementation, to establish the first results and conclusions.

Keywords: Artisan, Reengineering, Embroidery, CNC.

Introducción

El presente proyecto se realizó en la empresa Bordadoras que se encuentra en la ciudad de Tehuacán, dedicada a brindar el servicio de bordado en la región de Tehuacán y zonas aledañas, por un poco más de 4 años, la problemática que presentaba esta organización es la falta de control dentro de sus operaciones, lo cual está provocando tiempos muertos, mala calidad y desperdicio de material de trabajo. Mediante un análisis con el apoyo de un diagrama de Ishikawa complementado con los 5 whys se propuso la aplicación de una reingeniería para poder contrarrestar las problemáticas ya mencionadas, como medida preventiva y correctiva junto a una propuesta de distribución de planta para un rediseño total de la empresa. La distribución de planta se limita a propuesta, debido a que se tiene previsto la construcción de una galera en la parte trasera de la organización, dicho espacio está destinado a ser utilizado, puesto que únicamente se ocupa como deshuesadero de maquinaria.

Así mismo se implementó 5s' en el área de producción, para ordenar un área que se encontraba desorden total, e inculcar y mostrar a los trabajadores que se puede trabajar de manera ordenada. De igual manera se implementó kan ban en la empresa para evitar revolturas de cortes de bordado y piezas sobrantes, tanto en la dirección general como en producción. Al no contar con una planeación eficiente provocaba paros de producción de entre 1 a 2 horas, por abastecimiento deficiente de cortes para bordar a los diferentes conjuntos de máquinas, sumando a esto la constante falta de disponibilidad del director general.

Se propuso una reorganización de las áreas, equipos y materiales en la parte trasera, en una galera que ya está destinada a ser construida, como ya se había mencionado anteriormente, liberando así el espacio en la parte delantera para la creación de departamentos faltantes que el director general no se había percatado pero que son de alta importancia si se quiere llegar a ser una empresa competente. Por último, se evaluó la producción final al término del periodo del proyecto y se comparó con la producción inicial, se establecieron las respectivas conclusiones y se anexaron formatos de trabajo para la organización.

Planteamiento del problema

La empresa la que no se mencionara su nombre, es una empresa que se dedica al bordado tipo artesanal floreado con máquinas tipo CNC, en la región de Tehuacán, la organización presenta carencias en distintas áreas, al tratarse de una empresa en constante crecimiento. Al visitar las instalaciones de la empresa ya mencionada y al analizar su forma de trabajo, se encontraron notables carencias en su funcionamiento, si bien no están del todo mal, debido a que esta forma de trabajo ha dado como resultado un crecimiento constante de trabajo, clientes y maquinaria, aun así, se considera que puede mejorar, para brindar un servicio de alta calidad y entrega de pedidos en tiempo y forma, permitiendo mostrar una buena impresión en los clientes y público en general.

Una de las carencias es la falta de orden en el área de producción. No se cuenta con contendores de basura, por lo que se encuentra acumulando dentro y fuera del área sin un control aparente. Cuando se requiere herramienta se pierde mucho tiempo puesto que no hay orden prácticamente tienen que buscarla hasta encontrarla. De Igual, no hay control en los mantenimientos preventivos semanales se los saltan y no se dan cuenta y se argumenta que no saben a quién le tocaba realizarlo.

Dentro del área de producción también sucede que los cortes de tela se revuelven esto debido a que no hay departamento de planeación y si bien hay un almacén no se cuenta con un almacenista lo que provoca un desorden y un abastecimiento deficiente de material de trabajo. No se cuenta con un encargado o supervisor, solo un team líder, pero está más interesado en cumplir su cuota de trabajo, esto provoca que los trabajadores hagan lo que quieran figura 27.

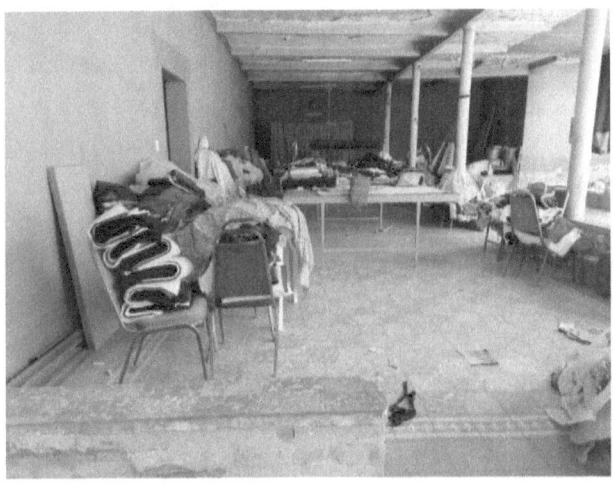

Figura 27. Situación actual.

No se cuenta con departamento de calidad, ni mucho menos checadoras, esto provoca que constantemente se desperdicie material y salgan piezas defectuosas o el bordado no sea de calidad o de agrado del cliente. No se cuenta con una recepción, lo que provoca que, si no está el dueño de la empresa, potenciales clientes se retiren. Notoriamente no se cuenta con un ingeniero industrial o un ingeniero en procesos y operaciones industriales, para corregir ciertas imperfecciones y que lleve el control de la producción provocando que la producción no esté funcionando al máximo o de manera aceptable.

No hay control de entradas, ni salidas de los horarios de los trabajadores, en la producción que realizan ya que llegan y se van a la hora que quieren provocando así menos producción y descontrol. Tampoco se cuenta con un departamento de seguridad esto provoca que se pierda herramienta y piezas bordadas, así como material de trabajo y mucho menos se cuenta con departamento de recursos humanos lo que provoca que no se tengan capacitadores. A su vez también se requiere un departamento de empaque, puesto que el producto se entrega simplemente amarrado, solamente se manda a deshebrar.

Conceptos

- "La Reingeniería es un proceso concebido para rediseñar las operaciones de los negocios con el objeto de lograr un incremento significativo del valor que se le agregue a un servicio o producto, así como el replanteamiento profundo y rediseño radical de los procesos de la organización para lograr mejoras significativas en los factores críticos del desempeño, tales como: costos, servicio y rapidez". (Lowenthal,1999)
- "Proceso por el que las Empresas se convierten en competidores de clase mundial al rehacer sus sistemas de información y de organización, forma de trabajar en equipo y los medios por los que dialogan entre sí y los clientes". (seminario FEPADE,1996)
- "Cambio revolucionario en las Empresas que dependen de rediseñar tanto los procesos administrativos como los operativos" (Cooper,1992)

- "Proceso por medio del cual las empresas pueden mejorar su rendimiento a través de sus procesos operativos claves" (Champy,1995)
- "Es la revisión fundamental y el rediseño radical de los procesos empresariales con el fin de provocar mejoras espectaculares en los rendimientos y resultados". (Hammer y Stanton,1997)
- "Reingeniería es el rediseño rápido y radical de los procesos estratégicos de valor agregado y de los sistemas, las políticas y las estructuras organizacionales que los sustentan para optimizar los flujos del trabajo y la productividad de una organización". (Manganelli,2004)

Importancia

La Reingeniería tiene un propósito doble: simplificar un tema complejo y confuso, y presentar un conjunto específico de técnicas cuya aplicación sea posible en la propia organización. Es de mucha utilidad para el responsable que es el encargado de rediseñar, modernizar una organización, haciendo que responda mejor a los clientes y, en último término, que sea más rentable.

La Reingeniería es de mucha importancia para el empresario ya que debe generar un plan para el cambio, que otras personas habrán de seguir en la organización. Sin embargo, son esos otros quienes deben dirigir el cambio.

Así, la Reingeniería dará también a los otros los antecedentes necesarios para llevar a cabo el cambio. Por ejemplo, ayudará al ejecutivo responsable de mejorar la eficiencia de una organización, a comprender y aplicar la Reingeniería organizacional. Además, permitirá a los gerentes funcionales, responsables de áreas específicas de trabajo y que implantan el cambio.

Es necesario señalar, que uno de los obstáculos que se presentan en los procesos de reingeniería es la resistencia al cambio, que muchas de las veces son producidas por la existencia de algunos paradigmas o mitos, los mismos que tiene que ser enfrentados mediante la concientización del logro de objetivos institucionales los cuales deben ser comunicados a los participantes del citado proceso.

La Reingeniería persigue definir criterios de simplificación y optimización que permiten alcanzar las metas del cambio:

- Racionalizar las operaciones
- Reducir los costos
- Mejorar la calidad
- Aumentar los ingresos

Mejorar la orientación hacia los clientes basándose en los siguientes principios:

The Boston Consulting Group estima en doce los principios clave en los que se basa la BPR (Business Process Reeingeniering):

Se necesita el apoyo de la gerencia de primer nivel o nivel estratégico, que debe liderar el programa.

La estrategia empresarial debe guiar y conducir los programas de la BPR.

El objetivo último es crear valor para el cliente.

Hay que concentrarse en los procesos, no en las funciones, identificando aquellos que necesitan cambios.

Son necesarios equipos de trabajo, responsables y capacitados, a los que hay que incentivar y recompensar con puestos de responsabilidad en la nueva organización que se obtendrá tras el proceso de Reingeniería.

La observación de las necesidades de los clientes y su nivel de satisfacción son un sistema básico de retroalimentación que permite identificar hasta qué punto se están cumpliendo los objetivos.

Es necesaria la flexibilidad a la hora de llevar a cabo el plan. Si bien son necesarios planes de actuación, dichos planes no deben ser rígidos, sino que deben ser flexibles a medida que se desarrolla el programa de BPR y se obtienen las primeras evaluaciones de los resultados obtenidos.

Cada programa de Reingeniería debe adaptarse a la situación de cada negocio, de forma que no se puede desarrollar el mismo programa para distintos negocios.

Se requiere el establecimiento de correctos sistemas de medición del grado de cumplimiento de los objetivos. En muchos casos, el tiempo es un buen indicador. Sin embargo, no es el único posible y en determinadas ocasiones no es el más adecuado.

Se debe tener en cuenta el factor humano a la hora de evitar o reducir la resistencia al cambio, lo cual puede provocar un fracaso, o al menos retrasos en el programa.

La BPR no debe ser visto como un proceso único, que se deba realizar una única vez dentro de la organización, sino que se debe contemplar como un proceso continuo, en el que se plantean nuevos retos.

La comunicación se constituye como un aspecto esencial, no sólo a todos los niveles de la organización, sino traspasando sus fronteras (prensa, comunidad, sistema político).

Agudelo (2008) también indica que:

"Proceso es un conjunto de actividades secuenciales o paralelas que ejecuta un productor, sobre un insumo, le agrega valor a este y suministra un producto o servicio para un cliente externo o interno ".

Por lo que se puede llegar a la conclusión que se denomina al proceso al conjunto de actividades que recibe uno o más insumos y crea un producto de valor para el cliente. Este concepto implica que dentro de cada proceso confluyen una o varias tareas. Dichas tareas individuales dentro de cada proceso son importantes, pero ninguna de ellas tiene importancia para el cliente si el proceso global no funciona.

Por tanto, las compañías deben mentalizarse de que la importancia de las tareas, objeto de estudio en la mayor parte de las empresas, se encuentra condicionada por la visión de conjunto que implica el proceso.

Los cambios en el entorno organizacional son de tal magnitud y tan acelerados que la única manera que las instituciones puedan adaptarse con rapidez es al iniciar en sus senos cambios decisivos. En muchas ocasiones, las ineficiencias generadas en las labores cotidianas no son solamente responsabilidad de los empleados, o de las máquinas utilizadas en los procesos; pueden ser también atribuidas a la forma en que se trabaja. Los procesos pueden estar bien, pero pudieron haber sido diseñados para otras condiciones de mercado que actualmente están desfasadas.

Todas estas consideraciones son relevantes para que las organizaciones incorporen cambios radicales y dramáticos dentro de sus procesos; por tal razón se deben considerar tres aspectos fundamentales, citados por Hammer & Champy (1994): consumidores, competencia y cambio; estas fuerzas no son nada nuevas, aunque sí muy distintas con respecto al pasado.

- Consumidores: se ha generado un cambio significativo en quién ejerce la hegemonía dentro de los negocios; el poder de ordenar y mandar está a cargo de los consumidores; éstos exigen al vendedor: qué quieren, cómo lo quieren, hasta cuánto están dispuestos a pagar y de qué manera.
- Competencia: ésta ha pasado de ser simple a compleja. En el pasado cualquier empresa podía entrar con facilidad en el mercado; ahora se compite de distintas formas, con base en: precios, variaciones del producto, calidad y servicio previo, durante y posterior a la venta. No hay que olvidar que la tecnología moderna ha introducido nuevas formas de competir y nuevas competencias.
- Cambios: los consumidores y la competencia han experimentado modificaciones, pero de igual manera está el hecho de que la forma en que se cambia ha variado. Sobre todo, se tiene que las

transformaciones se han vuelto más esparcidas y persistentes, además de incrementarse el ritmo acelerado de las mismas.

Principios básicos de la reingeniería

Chase, Aquilano & Jacobs (2004), establecen siete principios básicos de reingeniería que pueden ser adaptados a todo tipo de organización y por ende a las universidades. Ellos permiten lograr una mejora importante en los procesos, de manera que los requerimientos contemporáneos de los clientes sobre calidad, rapidez, innovación y servicio se cumplan; fundamentado en siete nuevas reglas para hacer el trabajo propuestas por Hammer & Champy (1997), referidas a: quién, dónde y cuándo se hace el trabajo; además de la recopilación e integración de la información. Estas siete reglas son:

1. Organizarse alrededor de los resultados y no de las tareas: esto se refiere a un rediseño de cargo, en el cual se deben combinar varias tareas especializadas, efectuadas por diferentes personas; así este cargo podrá ser ejecutado bien sea por un sólo trabajador o equipo de trabajadores. La esencia de organizarse alrededor de los resultados permite eliminar la necesidad de transferencias de labores a otras unidades funcionales.

2. Hacer que quienes utilizan el proceso lo ejecuten: el trabajo debe llevarse a cabo en donde tenga más sentido hacerlo. Por ejemplo, los empleados pueden realizar algunas de sus compras sin salir de sus oficinas, los clientes hacen ellos mismos reparaciones sencillas y se permite solicitar a los proveedores que manejen el inventario de partes.

3. Fusionar el trabajo de procesamiento y producción de información: las personas que recaudan la información deben ser las responsables de su procesamiento; de esta manera se podrá minimizar la necesidad de formar otros grupos para tal fin, así se reducen los errores y se aminora el número de puntos de contactos externos.

4. Gestionar los recursos geográficamente dispersos como si estuvieran centralizados: la tecnología de la información

convierte el concepto de operaciones híbridas centralizadas / descentralizadas en una realidad. Facilita el procesamiento paralelo del trabajo mediante unidades organizacionales separadas que ejecutan el mismo trabajo, mejorando a la vez el control general de la compañía.

5. Unir las actividades paralelas en lugar de integrar sus resultados: integrar únicamente los resultados de las actividades paralelas que deben reunirse finalmente es la principal causa del trabajo rehecho, los altos costos y las demoras en el resultado final de todo el proceso. Estas actividades deben unirse de manera continua y coordinarse durante el proceso.

6. Ubicar el punto de decisión en el lugar donde se ejecuta el trabajo y crear un control para el proceso: la toma de decisiones debe ser parte del trabajo ejecutado, siendo posible con una fuerza laboral mejor preparada e informada y con tecnologías y herramientas que faciliten los acuerdos. En consecuencia, la supervisión y seguimiento del trabajo debe hacerse a largo de todo el proceso.

7. Capturar la información una vez en la fuente: en el sistema de información en línea de la organización, la información debe recopilarse y capturarse solamente una vez, en la fuente donde haya sido creada; de esta manera se garantiza evitar los ingresos de datos erróneos y los costosos reingresos. Estos principios de reingeniería en los procesos organizacionales deben apoyarse en una plataforma común de utilización innovadora de las tecnologías de la información.

Metodología

Como metodología se tomó la decisión de emplear las etapas de la reingeniería, dado que las empresas suelen plantearse la reingeniería de procesos en muchas ocasiones demasiado tarde, lo que implica que la mejora no sea lo suficientemente efectiva, además conduce a que las personas se acostumbren a una manera particular de ver el proceso y sean más reticentes a los cambios. La implantación de una metodología que indique la manera de actuación, y además involucre y prepare a toda la organización a visualizar los aspectos y procesos mejorables, es la manera de resolver los problemas que suceden en empresas que requieren reingeniería en sus procesos, y que sin ella no están preparados para incorporarla rápida y eficazmente a sus procesos. En la siguiente figura 28, se muestran la estructura de la metodología, desde los niveles iniciales hasta fusionar todas las condiciones necesarias: herramientas, actividades y personas, de menor a mayor dificultad, poniendo de relieve que la mayor complejidad y se encuentra en las personas donde radica el éxito, ya que son las que conducen la reingeniería. El conjunto de herramientas o actividades no obtienen ninguna ventaja competitiva. Si no se realiza desde la concienciación y motivación de las personas que lo que hacen.

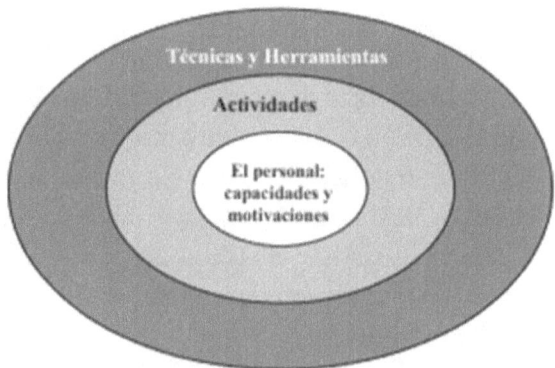

Figura 28. Estructura de la metodología

La metodología estaría esquematizada en un diagrama de procesos ordenados y sobre los que se va ascendiendo hasta lograr completar todo el proceso que marca la metodología que se propone: arranque, factor humano del cambio, análisis de los procesos de la organización, implantación del cambio y, por último, supervisión y evaluación de la implantación. En relación con las herramientas de Reingeniería, el objetivo del cambio es mejorar y la mejora se debe emprender sobre una base de conocimiento del estatus actual del proceso. Se parte de una evaluación utilizando una serie de medidas relevantes para el proceso, siendo éste el planteamiento de mejora, el cual debe ser ambicioso, pero a su vez posible y controlado. Para llevar dicho control se establece un conjunto de indicadores que actuarán como medidores de la evolución del cambio.

Las etapas por las que evoluciona la metodología de reingeniería están desglosadas siguiendo un circuito progresivo, a medida del cual la organización avanza para completar un conjunto de buenas prácticas en lo que se refiere a la mentalización y organización empresarial, preparada a evolucionar con los cambios que ella misma promueve de manera programática.

a) Arranque de la implantación, solo desde el convencimiento, el conocimiento exhaustivo y la aceptación de las implicaciones que tiene para la organización, pueden dar comienzo los planes de implantación que supongan el rediseño fundamental de los procesos susceptibles de ser cambiados. La reingeniería supondrá para las organizaciones grandes y profundos cambios en la estructura y en el personal de la compañía. Suele convenir analizar la repercusión del cambio y como está preparada, o las necesidades de preparar a la organización para que el personal se sienta cómodo en las nuevas funciones que le asigne la reingeniería. Para ello, se deben iniciar conversaciones, Estudiar el estado actual de la organización con respecto a la reingeniería y Plantear un plan-calendario de actuaciones figura 29.

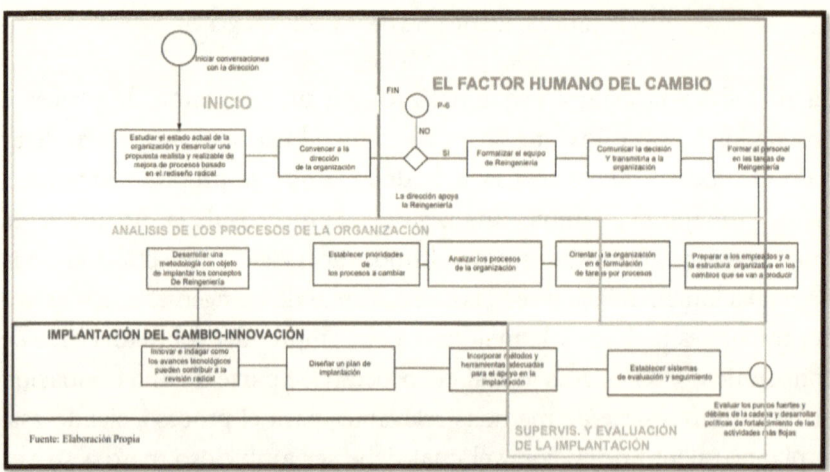

Figura 29. Esquema organizacional

b) El factor humano del cambio La preparación del personal a afrontar los cambios de manera optimista es decisivo para avanzar siguiendo la metodología propuesta, siendo habitual que ésta sea la etapa sobre la que recaen los riesgos más determinantes, y propulsores del fracaso de la implantación de cualquier proyecto de reingeniería, y mucho más de su metodología. Dentro de esta etapa se tiene que Formalizar un equipo de trabajo, Comunicar e involucrar a toda la organización, Formar al personal en las tareas de Reingeniería y Preparar a los empleados y a la estructura organizativa en los cambios que se van a producir.

c) Análisis de los procesos. En esta fase se da comienzo y se realizan los preparativos que permiten contemplar el estado de los procesos. Para ello se describen y desarrollan los planes de actuación en cuanto a los análisis cualitativos y cuantitativos del estado actual su evolución y su relevancia en la organización. Además, se desarrolla la metodología donde se presentan las pautas de evaluación y supervisión de los procesos los diferentes estados por los que pasa un proceso desde su implantación y cuando es necesario su relevo. La metodología incorpora las técnicas y herramientas y la descripción de las áreas involucradas y los recursos y cómo se realiza la incorporación de éstos en la implantación de un cambio radical. Lógicamente estas circunstancias tratadas en la metodología deben ir evolucionando de la misma manera en que lo hacen los procesos. Las etapas para el Análisis de los procesos son: Establecer prioridades de los procesos a cambiar, Analizar los procesos de la organización, Orientar a la organización en la formulación de tareas por procesos y Desarrollar una metodología con objeto de implantar los conceptos de Reingeniería.

d) Implantación del cambio / innovación En esta fase se entra de lleno en la parte más operativa del cambio se evalúan los procesos de la organización y se realizan los preparativos necesarios para desarrollar el cambio. Por ello es en este apartado donde prestamos especial atención en el trabajo, debido a que es la esencia de este, aunque sin las otras etapas no podría desarrollarse ésta. La implantación del cambio-innovación se realiza de la siguiente manera: Innovar e indagar como los avances tecnológicos pueden contribuir a la revisión radical, Diseñar un plan de implantación e Incorporar métodos y herramientas adecuadas para el apoyo en la implantación.

e) Supervisión y evaluación de la implantación Se estructura en Establecer sistemas de evaluación y seguimiento, ser consciente de que el cambio es dinámico, comentar y presentar los logros alcanzados y la necesidad de continuar.

Herramientas de la reingeniería.

Las herramientas juegan un papel fundamental en la reingeniería actuando de las siguientes formas: y Permiten evaluar los procesos (el nuevo frente al antiguo). y Facilita la implantación. y Gestiona los procesos una vez se rediseñan. Dependiendo del cometido de estas herramientas, la función de desarrollar e implantar una reingeniería de procesos, se pueden agrupar de la siguiente forma:

Planificador de tareas

Son herramientas que facilitan llevar el control del desarrollo de cualquier actividad. En este sentido la implantación de reingeniería requiere, como cualquier proyecto, el desarrollo de un plan de consecución de objetivos. Las herramientas de planificación cumplen la función de proporcionar un entorno de gestión integrado que permite llevar la trazabilidad de los planes originales y su adecuación en cada momento. Estas herramientas contemplan las siguientes características comunes:

- El almacenamiento y composición de un proyecto en sus actividades. Tipo gráficos Gantt.
- Descripción de estas unidades elementales, actividades y tareas a desarrollar.
- Fechas planificadas previstas, sobre las que evaluar su cumplimiento.
- Grado de cumplimiento de los objetivos.
- Desarrollo de presupuestos del proyecto.

- Recursos (tanto personal como de cualquier otro tipo) necesarios para llevar a cabo cada tarea elemental.
- Grado de implicación-vinculación entre tareas.
- Descripción y señalización de puntos críticos, puntos de control y señales.

Herramientas de gestión.

Su finalidad es permitir colaborar en la gestión de los procesos que se rediseñan. Normalmente, son paquetes informáticos que cubren total o parcialmente las funcionalidades específicas que se requieren para llevar la automatización y control de los procesos de rediseño.

La implantación de este tipo de herramientas no es inmediata pues requiere de las siguientes tareas:

- Selección y elaboración de un análisis previo de la idoneidad de la herramienta de acuerdo con las funcionalidades que se pretenden cubrir con ella, así como la compatibilidad con el resto de las tecnologías.
- Las funcionalidades que se quieren incorporar deben seleccionarse y adaptarse (parametrizarse) a los requerimientos específicos que se pretenden cubrir con el rediseño del proceso. Los costes de estas herramientas y la adaptación a las peculiaridades de cada organización son elevados y nos determinan un amplio porcentaje del presupuesto destinado en la reingeniería de procesos.

Dependiendo del tipo de proceso que se pretenda rediseñar y su cometido existirán distintas herramientas.

Proceso de bordado dentro de las instalaciones de Bordadoras Santa Teresita.

El proceso de tipo artesanal floreado y sus múltiples diseños, en Bordadoras Santa Teresita, si bien no es un proceso complejo es un proceso que involucra todas las áreas o departamentos de la empresa como se encuentra actualmente, he aquí por qué la necesidad de una reingeniería.

La elaboración del bordado consiste en:

1. Dirección general: Todo comienza en esta área, es aquí donde se recibe la tela que el cliente desea bordar, esta área también funciona como recepción, se pueden encontrar excepciones como cuando el cliente quiere que se le venda la tela.

Procedente a que el cliente trajo o compro la tela se pide el tipo de diseño que requiere que se borde en el producto, por ende, se sabe qué tipo de prenda va a bordar, ya sea blusa kimona, vestido kimona, vestido de olan, blusa de olan, blusa cuadrada entre otros. Si el cliente no sabe que diseño desea, pero sabe qué tipo de prenda necesita entonces se le muestran los diseños, o también se realizan los diseños que ellos requieran, solo se necesita una foto o una imagen digital para que se proceda a realizar el diseño figura 30.

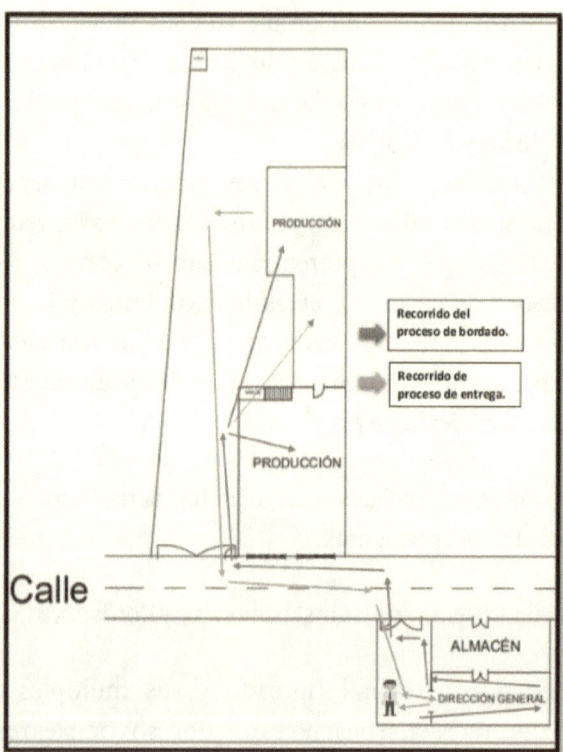

Figura 30. Diseño

Entonces una vez seleccionado el diseño o diseños, se procede a realizar el pedido de docenas por diseño y el color de la tela y especificaciones, como que hilos quieren que no se introduzcan y colores de las cadenas. Después es enviado a producción.

2. Departamento de Producción: Este departamento cuenta con 10 máquinas bordadoras tipo CNC de 12 cabezas, esto quiere decir que borda una docena de prendas por tendida y 24 piezas cuando se bordan diseños de olán. Los equipos están separados de cierta manera que los 1 y 2 se encuentran de frente, la 3 y 4 en forma de "T" por las dimensiones de la infraestructura, la 5,6 y 7 de frente y en "T" y los equipos 8,9 y 10 están al igual que las anteriores, estos acomodos son de modo que los operadores se apoyen a la hora de tender y así reducir tiempos. Y en el caso de las veladas, los operadores utilicen dos o tres máquinas debido a que es menor tiempo y resulte más redituable.

Una vez que llega la tela a esta área y es designada a un grupo de máquinas, se procede a contar el número de piezas del corte para separar por colores y por diseño. Para posteriormente ser doblada por la mitad ya sea a lo largo o ancho según como lo requiera el tipo de bordado.

Después se tiende en el equipo y se borda esto puede variar de 40 minutos hasta 3 horas dependiendo del diseño y de la cantidad de puntadas que contenga el diseño.

Terminado de bordar se des tiende la tela se enrolla y se repite el proceso hasta que todo el corte esté terminado, para después ser enviado otra vez a la Dirección general, esto lo puede apreciar en el diagrama de proceso.

3. Dirección General, por lo que una vez que pase a un segundo paso la tela regresa a esta área ya bordada es mandada a deshebrar y posteriormente es entregada al cliente esto ya libre de hilos sobrantes y pellón.

Realizar recorrido sobre la empresa Bordadoras Santa Teresita.

La empresa Bordadoras Santa Teresita está conformada por diferentes áreas de trabajo por lo que se realizó un recorrido por cada una de ellas con el fin de reconocer el funcionamiento de esta y así poder implementar alguna mejora.

Analizamos la ubicación que tenía cada espacio laboral de acuerdo con su función y de esta manera identificar algunas problemáticas existentes dentro de la organización figura 31.

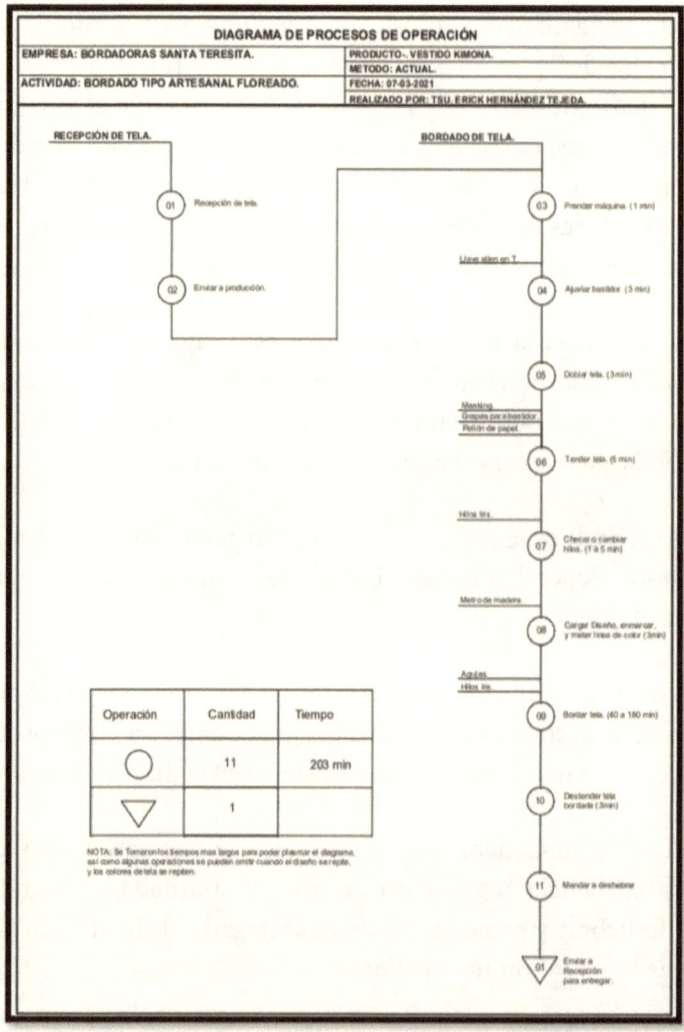

Figura 31. Diagrama de operaciones

Identificar principales problemáticas.

Se identificaron y expusieron las principales problemáticas y con ayuda de la herramienta del diagrama de Ishikawa y los 5 whys, encontrar cuales son las causas y como poder contrarrestarlas de manera eficiente. Y se procedió a exponerlo con el dueño de la organización, y conversarlo para su realización.

5 whys

Causas de mano de obra

Causa #1

1. ¿Por qué los trabajadores hacen lo que quieren? Porque no hay nadie que los supervise.
2. ¿Por qué no hay nadie que los supervise? Porque hay un team líder pero no hace su labor.
3. ¿Por qué no hace su labor el team líder? Porque está más enfocado en su tarea de producción.
4. ¿Por qué está más enfocado en su tarea de producción? Porque no recibe ningún pago extra por ser team líder.
5. ¿Por qué no recibe ningún pago extra? Porque no lo ha solicitado.

Causa #2

A) ¿Por qué se desperdicia material? Porque nadie supervisa y no aprovechan el material al máximo.
B) ¿Por qué nadie aprovecha todo el material? Porque se les hace más fácil emplear material nuevo y los restantes los dejan.
C) ¿Por qué prefieren utilizar el material nuevo? Porque nadie los supervisa
D) ¿Por qué nadie los supervisa? Porque no hay ni encargado ni checadora y mucho menos un ingeniero industrial.
E) ¿Por qué no hay alguien a cargo? Porque no se había planteado antes.

Causa #3

A) ¿Por qué producen piezas de mala calidad? Porque no hay capacitaciones ni señaléticas de apoyo.

B) ¿Por qué no hay capacitaciones? Porque el dueño anda ocupado y no hay un capacitador.

C) ¿Por qué no hay señaléticas de apoyo? Porque no hay un ingeniero industrial, ni de procesos.

D) ¿Por qué no hay ingeniero o un capacitador? Derivado de que el señor Óscar no delega responsabilidades.

Causa #4

A) ¿Por qué producen piezas feas? Porque no combinan bien los colores.

B) ¿Por qué no se combinan bien los colores? Porque a veces los operadores son nuevos y no saben o luego les da flojera.

C) ¿Por qué les da flojera? Porque no hay supervisor, ni encargado, ni checadoras que se encargue de estar supervisando y como no son conscientes de eso no lo hacen.

D) ¿Por qué los operadores nuevos sacan piezas feas? Porque cada operador está enfocado en su máquina y no prestan atención a los que son nuevos figura 32.

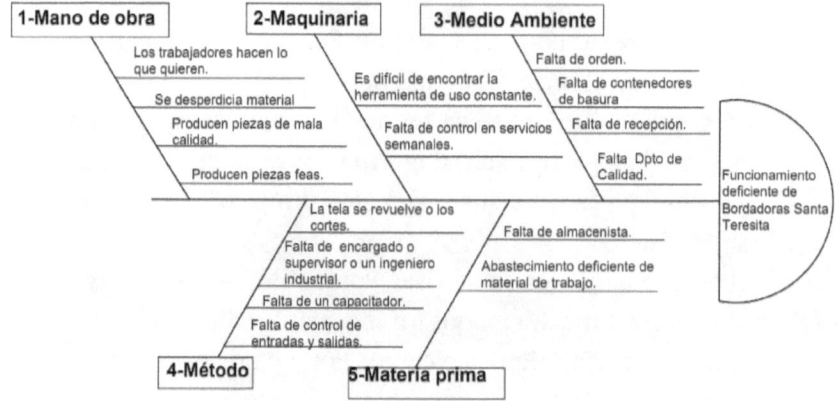

Figura 32. Diagrama de Ishikawa

Causas de Maquinaria

Causa #1

A) ¿Por qué es difícil encontrar la herramienta de uso constante? Porque no hay mucha y las usan todos, por lo que a veces no se sabe quién la tiene, y se pierde mucho tiempo.

B) ¿Por qué se pierde mucho tiempo? Porque se tiene que andar buscando la herramienta en áreas de trabajo o equipos que se encuentre en otros espacios.

C) ¿Por qué no hay mucha herramienta? Porque se la roban.

D) ¿Por qué se la roban? Porque no hay un guardia de seguridad y las cámaras no sirven al 100%.

Causa #2

A) ¿Por qué hay falta de control en los servicios preventivos semanales de los equipos? Porque en múltiples ocasiones no las limpian.

B) ¿Por qué a veces no las limpian? Por irresponsabilidad y aunque hay multas luego no se da cuenta el sr Óscar.

C) ¿Por qué no se da cuenta el sr Oscar? Porque no hay una bitácora de mantenimiento en cada máquina para saber si alguien le dio mantenimiento o no

D) ¿Por qué no hay una bitácora? Porque nadie la ha hecho o solicitado.}

Causas de medio ambiente

Causa #1

A) ¿Por qué falta orden? Porque todo está fuera de lugar y en desorden.

B) ¿Por qué todo está fuera de lugar? Porque se acumula el producto ya bordado.

C) ¿Por qué se acumula el producto ya bordado? Porque el ayudante general no lo pasa a recoger.

D) ¿Por qué no lo pasa a recoger? Porque no hay orden, ni un kan ban o algo parecido.

Causa #2

A) ¿Por qué faltan contenedores de basura? Porque nadie lo ha solicitado.

B) ¿Por qué nadie lo ha solicitado? Porque piensan que no es necesario.

C) ¿Por qué piensan que no es necesario? Porque nadie se los ha dicho y piensan que con bolsas está bien y por qué no separan la basura.

D) ¿Por qué no separan la basura? Porque no hay contenedores específicos para cada material.

Causa #3

A) ¿Por qué se necesita una recepción? Porque no hay un área específica o designada y tampoco hay recepcionista.

B) ¿Por qué no hay un área específica o designada? Porque no es consciente de los clientes que pierde por no estar.

C) ¿Por qué no hay recepcionista? Porque no existe un compromiso real con los clientes, ahí que no se preste atención de que se pierdan ya que no tiene una recepcionista que los pueda atender.

D) ¿Por qué no es consciente del compromiso? Porque la forma de trabajar es rudimentaria y no se cuenta con un proceso que genere una cultura de trabajo.

Causa #4

A) ¿Por qué se necesita un departamento de calidad? Porque hay defectos de calidad y no hay supervisión de calidad.

B) ¿Por qué hay defectos de calidad? Porque los trabajadores por sacar más producción muchas veces no componen algunos defectos.

C) ¿Por qué los trabajadores sacan defectos? Porque no hay manera de saber de quién es el defecto, cuando es detectado por casualidad.

D) ¿Por qué no hay supervisión de calidad? Porque el sr Oscar piensa que es más fácil reponer la tela y el bordado o que le descuenten las composturas.

Causas de método

Causa #1

A) ¿Por qué se revuelve la tela o los cortes? Porque a veces no hay buen abastecimiento de cortes o no hay planeación, y por no estar parados agarran tela de otras máquinas y esto provoca que se revuelva, también pasa esto cuando el ayudante general recoge el producto bordado como no está amarrado se revuelve.

B) ¿Por qué no hay buen abastecimiento? Porque no hay nadie que cheque al final de cada turno entonces no se prepara.

C) ¿Por qué no hay buena planeación? Porque se trabaja sobre la marcha.

D) Por qué los operadores no amarran los cortes. Porque no hay cintas para amarrar.

E) ¿Por qué no hay cintas para amarrar? Porque no las piden porque no se les pide que se amarre el corte.

Causa #2

A) ¿Por qué se necesita un encargado o supervisor o un ingeniero industrial? Porque falta evolucionar o mejorar los procesos y la manera en que se realizan algunas operaciones, se trabaja de manera rudimentaria.

B) ¿Por qué se necesita evolucionar o mejorar los procesos y la manera de trabajar? Para poder ofrecer mejor calidad y aumentar producción.

C) ¿Por qué ofrecer mejor calidad? Para aumentar los ingresos y los clientes.

D) ¿Por qué aumentar la producción? Para aumentar los ingresos.

E) ¿Por qué modificar la manera rudimentaria de trabajar? Para que los trabajadores estén más cómodos y contentos.

Causa #3

A) ¿Por qué falta un capacitador? Para que cuando se haga una modificación esta alguien a cargo de la correcta capacitación. Y cuando entre alguien nuevo su aprendizaje y capacitación sea correcta desde un inicio.

B) ¿Por qué se necesita a alguien a cargo de la correcta capacitación? Para evitar defectos.

C) ¿Por qué evitar defectos? Para aumentar la calidad del servicio.

D) ¿Por qué aumentar la calidad del servicio? Para aumentar los ingresos.

Causa #4

A) ¿Por qué se necesita tener control de entradas y salidas? Porque se están perdiendo las cosas, herramientas, tela, y producto terminado. Así como no hay control sobre los trabajadores.

B) ¿Por qué no hay control de los trabajadores? Porque la producción tendría que ser una obligación, pero muchas veces no la toman en cuenta y como no hay penalización llegan a la hora que quieren.

C) ¿Por qué no hay penalización? Porque no las han impuesto.

D) ¿Por qué se necesitan que los trabajadores entren a tiempo y manejen horarios de trabajo? Para que cumplan con su producción diaria y la producción total de la empresa incremente.

Causas de materia prima

Causa #1

A) ¿Por qué falta un almacenista? Porque el material para bordar se necesita y no se encuentra el señor Óscar para abastecer.

B) ¿Por qué no estás el sr. Oscar? Porque tiene muchas obligaciones y no delega obligaciones.

C) ¿Por qué no delega? Porque trabaja de una manera rudimentaria pero el crecimiento de la empresa lo está superando.

Con ayuda de las 5 whys se logra enfatizar aún más en las causas de cada problemática desenvolviendo una por una, por lo que, gracias a esta técnica, se logró detectar que muchas de las problemáticas coincidían en sus causas. Debido a las diferentes problemáticas que presenta la empresa y sus diferentes áreas se decidió realizar una reingeniería a nivel empresa y sin perjudicar el funcionamiento de esta, así como dentro de la reingeniería una propuesta para una distribución de planta. Cabe destacar que no se permitió modificar mucho puesto que ya está en mente construir una galera en la parte trasera del terreno de la empresa para mover los materiales y equipos a esa área he aquí porque el requerimiento de la propuesta de distribución de planta, y el permiso limitado de modificar algunos elementos.

3) Implementar bitácoras de entradas y salidas.

Como se logra apreciar en el diagrama de Ishikawa anterior una problemática muy fuerte era las horas de entrada del personal, los retardos iban desde 20 minutos hasta 3 horas, esto afecta al operador, pero no solo a él, sino a la organización también pues es una pérdida de ingreso considerable. Esto solo en la entrada del turno matutino, que su hora de entrada es a las 6:00 AM.

Sin en cambio por parte del turno de la tarde era lo contrario, el turno de la tarde es de 3:00 PM a 00:00 AM, y como se pudo observar en este caso lo que infringían es la hora de salida, puesto que salían antes, casi 3 horas antes. Estos dos turnos cuentan con una hora de comida en el caso del turno matutino es una hora de desayuno que se puede tomar a cualquier hora que deseen en el turno de la tarde es hora de cena, igual a la hora que sea de su preferencia. El problema está en que muchas de las veces salían a desayunar o cenar y ya no regresaban o se tomaban 2 horas de comida. Es por esta razón que se decidió implementar una bitácora de entradas y salidas, supervisadas por las dos checadoras que se contrataron, una para el turno matutino y otra para el vespertino esto con la finalidad de que sea respetada la bitácora, y puesto que, ahora las encargadas de abrir las puertas son las checadoras figura 33.

Bitacora de entradas y salidas								
Bordadoras Santa Teresita								
	Fecha							
No	Turno.	Nombre		Hora entrada	Hora de salida de	Hora de regreso de	Hora salida	Firma
1								
2								
3								
4								
5								
6								
7								
8								
9								
10								
11								
12								
13								
14								
15								
16								
17								
18								
19								
20								
21								
22								
23								
24								
25								

Figura 33. Bitácora

Para el turno nocturno el problema radica en que deben de llegar a la hora de entrada que es a las 00:00 AM y su salida a las 06:00 AM le supervisan las dos checadoras una en la entrada y la otra en la salida.

4) Implementación de 5 s' a producción.

A) Seiri- Clasificar:

Se estableció un área para cada material y se asignaron espacios específicos, se quitó todo lo que estaba encima de los equipos donde se colocan los hilos pequeños, conos y telas restantes de otros cortes. Los hilos se colocaron en la repisa de los hilos y la tela residual se mandó al almacén.

B) Seiton-Organizar:

Se realizó una distribución de las áreas que son de uso constante, en el caso de los hilos ya se cuenta con una repisa para ellos. Con el rollo de pellón, se le asignó un lugar para que se coloque después de usarse y así evitar que estorbe o se encuentre tirado. A la herramienta para cambio de agujas y ajustamiento de bastidor se colocó en un lugar estratégico entre las tres o dos máquinas según el conjunto de ellas. Para su rápida utilización. Y la tela se colocó en un banco o mesa, de manera ordenada y al alcance de los operadores. Así como se destinó un área para el producto bordado y evitar revolturas.

C) Seiso- Limpiar:

En esta etapa se colocaron botes de basura y botes para conos por grupo de máquinas, y se les dijo que se tenía que estar barriendo una vez cada hora, así como depositar los conos en su cesto, y los hilos que se cambian cuando hay cambio de hilos, terminárselos en su turno y no esconderlos o dejarlos en cualquier lado, con el apoyo de la checadora en turno esto sería más fácil pues ellas revisarían las áreas constantemente.

En caso de que sobre tela será amarrado junto con el corte para que sea enviada al almacén para después ser clasificada.

D) Seiketsu- Estandarizar:

En esta etapa se puso a cargo personal que hace la labora de verificar dentro de las cuales revisarán periódicamente y si no se está cumpliendo lo establecido, los operadores serán acreedores a un descuento.

E) Shitsuke-Disciplina.

Se realizaron juntas por turno para evitar aglomeraciones por el tema del COVID-19, en las juntas se habló de respetar lo indicado y de no ser así serán acreedores a descuentos, así como también se le informó a el personal los beneficios de trabajar con 5 s', lo que les beneficia tanto al trabajador como a la organización, esto repercute como una buena imagen hacia los clientes y muestra calidad al entregar prendas limpias.

5) Implementación de kan ban.

Para la implementación de esta técnica primero se tuvo que preparar todo, se prepararon unos formatos de tarjetas y hojas kan ban que contuvieran la información del corte. En la figura 34 se muestra la tarjeta Kan ban esta tarjeta va en la pizarra de kan ban dicha tarjeta contiene información como fecha de entrada y salida de producción, nombre del cliente, el diseño o diseños que va a llevar el corte, la cantidad del corte, los equipos que se encuentran asignados, las que va destinado, el color de las cadenas y un espacio para cualquier especificación especial del cliente.

Tarjeta Kan ban	
Bordadoras Santa teresita	
Fecha inicio:	
Fecha final:	
Cliente:	
Diseños:	
Cantidad:	
Maquinas:	
Cadenas:	
Especificaciones especiales:	

Figura 34. Tarjeta Kan ban

La hoja kan ban es complemento de la tarjeta, la diferencia es que la hoja no va en la pizarra si no en el corte, con un protector la hoja contiene, fecha de entrada y salida de producción, nombre del cliente, el diseño o diseños que se va a borda, cantidad de piezas del corte, equipos a las que va destinado el corte, Colores de cadenas, excepciones de hilos, especificaciones especiales como se puede observar en la figura 35 y un historial de tendidas esto debe coincidir con un masking con el nombre del operador u operadores que bordaron las prendas, se pidió que comiencen a colocar este masking para identificar los defectos y poder descontarle a alguien y así poder forzarlo a hacer los bordados de calidad. Debe de ir un masking por tendida.

Hoja Kan ban					
Bordadoras Santa Teresita					
Fecha inicial:		Fecha final			
Cliente:					
Diseños:					
Cantidad:					
Maquinas :					
Colores de cadenas:					
Excepciones de hilos:					
Especificaciones especiales:					
Historial de tendidas del operador.					
Diseños	Nombre del operador		Cantidad	Turno	Firma

Figura 35. Hoja de Kan ban

Esta implementación se realizó un lunes, que es cuando entran cortes nuevos en todos los equipos, con el objetivo de que el fin de semana debe de quedar limpia el área de producción. De la misma manera que con las 5 s' se realizaron juntas por turnos para evitar aglomeraciones por el tema del COVID-19 y se explicó cómo se iba a trabajar. Cada corte lleva su hoja con las especificaciones, una vez terminado de bordar el corte se amarrará con su hoja y sus sobrantes y se llevará a la dirección general donde le será entregado un nuevo corte y así sucesivamente. De esta manera se evita que se desconozca la información de las prendas bordadas y prendas sin bordar, así como la entrega de cortes completos y sin revolver. De igual manera se explicó cómo se iba a rellenar la hoja kan ban y si se entregaba el corte con la hoja sin rellenar, no se les entregaría un corte nuevo.

Con respecto a la pizarra, como se puede observar en la parte de "POR HACER" se coloca las tarjetas pendientes que aún no han entrado a producción, en el apartado de "HACIENDO" se colocan las tarjetas que están en producción y en el conjunto de máquinas que se están bordando. Y en el apartado de "HECHO" se colocan las tarjetas que ya salieron de producción y están esperando ser entregadas, cuando los cortes son entregados al cliente se quita la tarjeta de la pizarra y se archiva en una carpeta para cualquier aclaración.

6) Implementación de señaléticas para el área de producción.

En el área de producción sucede de manera muy frecuente que los colores no son combinados correctamente de acuerdo con el color de tela, esto provoca que muchas de las veces el bordado no se vea bonito es por eso por lo que decidimos implementar lonas con las combinaciones correspondientes a cada color de tela, colocarlos en lugares estratégicos al alcance de la vista de los operadores. Y si tienen alguna duda solo consulten la lona colocada en la pared. Por lo que se colocaron cuatro lonas en lugares estratégicos para que sean perceptibles fácilmente por los operarios, de acuerdo con cada conjunto de máquinas.

7) Realización de plano de la empresa.

En esta actividad se procedió a emplear estrategias en toda la organización para realizar un plano con ayuda del programa AutoCAD, con la finalidad de realizar una propuesta de distribución de planta, pero para eso es necesario primero contar con el plano actual con las medidas reales.

8) Propuesta de distribución planta y creación de departamentos.

Ya contando con el plano de cómo se encuentra la empresa Bordadoras Santa Teresita se pidió que se acomodaran las áreas y equipos en la parte trasera del terreno de la organización pues se tiene pensado hacer una galera, por lo consiguiente la parte delantera quedaría vacía, entonces puede ser aprovechado para crear los departamentos faltantes. La petición fue que se acomodaran las áreas y equipos hasta donde se encuentran los equipos actualmente, se orientaron en esa dirección los equipos con la intención de que se trabaje en parejas y en tercias, esto para que sea más rápido a la hora de tender y en las horas de comida se cubran y no se queden apagadas las máquinas. así como la colocación de una entrada grande de dos puertas para la introducción de la maquinaria nueva, de esta manera permitiendo que futuras maniobras sean mucho más fáciles de realizar y evitar riesgos sobre el personal y daños a la maquinaria. Como los espacios quedaron libres se procedió a reubicar la dirección general y el almacén de este otro lado de la calle, para que todo esté en conjunto, así como la creación de nuevos departamentos faltantes.

De igual manera se dejaron conectadas las áreas de almacén y producción para reducir distancias innecesarias.

Desde la semana 4 hasta la semana 12 se estuvo evaluando la producción únicamente de los turnos de la mañana y tarde, el turno de veladas no se tomó en cuenta por que no es un turno regular.

Podemos notar que hay una diferencia de 1,747,519 puntadas y con una regla de 3 sacamos el porcentaje, entonces podemos decir que gracias a las implementaciones que se realizaron se tuvo un incremento del 6.6 % en producción en comparación a la primera semana se comenzó a registrar la producción.

El aumento de 6%, se logró gracias a varias implementaciones, una de ellas fue la implementación de la bitácora de entradas y salidas, se logró que el personal entrara y saliera cumpliendo los horarios establecidos logrando que el tiempo de producción por operario aumentara puesto que como ya se había mencionado anterior mente era un total descontrol, si bien el horario es de 8 horas de trabajo y una hora de comida esto no se cumplía, dicha problemática se basaba en dos horas de tiempo perdido puesto que los trabajadores ingresaban a la organización una a dos horas tarde y la hora de comida la tomaban doble, sin que alguna autoridad interna percibiera esto, debido a las constantes ausencias del director general, así como de su incapacidad de delegar.

Complementando con la implementación de kan ban que fomenta el orden y un flujo constante de trabajo y así evitando paros de producción innecesarios. Asia como la implementación de 5s' que ayuda a que las áreas de trabajo se mantengan en orden, esto afecta también directamente al área de producción, gracias a esto se evitan tiempos perdidos cuando se cambia un diseño y se tiene que adaptar el tamaño del bastidor, encontrando de manera rápida las herramientas, así como su devolución inmediata para que el orden siga funcionando de manera óptima. Como se puede observar se decidió atacar diferentes problemáticas más notables y de mayor impactó para poder lograr un funcionamiento correcto y sin necesidad de una inversión elevada.

Referencias bibliográficas

- Lowenthal, J. Reingeniería de la Organización. Quinta reimpresión, Panorama Editorial, S. A. de C. V., México, 1999.
- Seminario FEPADE: Reingeniería en el Ministerio de Hacienda República de El Salvador, San Salvador 1996.
- Cooper, S. Reingeniería Aplicada a los Negocios. Primera Edición, Editorial McGraww Hill Interamericana de México, S. A. de C. V., México, 1992.
- Champy, James. Reingeniería en la Gerencia. Editorial Norma, S. A., Colombia, 1995.
- Lowenthal Jeffrey, Reingeniería de la Organización, Quinta Edición 1999, Editorial Panorama.
- Hammer, M., & Stanton, S. A. (1997). La Revolución de la reingeniería: un manual de trabajo. Ediciones Díaz de Santos.
- Manganelli, R. L. (2004). Cómo hacer reingeniería. Editorial Norma.
- Schuldt J. (2009) y E. Navarro. Los epígrafes "Principios de la Reingeniería", "Características de la BPR" e "Instrumentos y técnicas". Sevilla. Ed.: Mateos.
- Hammer, M., & Champy, J. (1994). reingeniería. Editorial Norma.

- Champy, J. (1996). Reingeniería de la Dirección. Ediciones Díaz de Santos.

- Crissien Borrero, T., & Villasmil Molero, M. (2015). Cambio de paradigma en la gestión universitaria basado en la teoría y praxis de la reingeniería. ECONÓMICAS CUC.

- González, J. Á. A. (1998). Reingeniería de procesos empresariales: teoría y práctica de la reingeniería de la empresa a través de su estrategia, sus procesos y sus valores corporativos. FC Editorial.

- McHugh, P., Merli, G., & Wheeler, W. A. (1998). Más allá de la Reingeniería Empresarial. Ediciones Díaz de Santos.

- Chase, R., Jacobs, N., & Aquilano, R. (2004). Administración de la Producción y Operaciones para una ventaja competitiva (10ª ed.). México: McGraw Hill

- BRANDON, J; MORRIS, D. (1995): Reingeniería. Como aplicarla con éxito en los negocios, Editorial Mc. Graw Hill, Madrid.

- DAVENPORT, T. H. (1993): Innovación de Procesos, Editorial Díaz de Santos, Madrid.

- GROUARD, B. (2000): Reingeniería del cambio: Diez claves para transformar la empresa. Editorial Marcombo, Colombia.

- De Cárdenas Cristia A. (2006). El Benchmarking como herramienta de evaluación. Revista Acimed; 14 (4). ISSN 1024-9435. La Habana. Cuba

- Camp, Robert C. (1993) Benchmarking, Editorial Panorama Editorial S.A., México.

- Coldling Silvia (2000). Benchmarking. Editorial AENOR, Asociación Española De Normalización y Certificación. Madrid.

- CHIAVENATO Idalberto "Administración en los nuevos tiempos", Ed. McGraw-Hill, Colombia, 2002.

- Gumucio, L. La calidad total en la empresa moderna. (2005). Universidad Católica Boliviana San Pablo. Bolivia.

- Navarro Albert, E., Gisbert Soler, V. y Pérez Molina, A.I. (2017). Metodología e implementación de Six Sigma. 3C Empresa: investigación y pensamiento crítico, Edición Especial.

- Kaplan, R. I Norton, D. (2000). Cuadro de mando integral, Eada Gestión.

- Castellano Lendínez, L. (2019). Kanban. Metodología para aumentar la eficiencia de los procesos. 3C Tecnología. Glosas de innovación aplicadas a la pyme, 8(1), pp. 30-41: http://dx.doi.org/10.17993/3ctecno/2019. v8n1e29/30-41
- SÁNCHEZ Castillo Miguel, Implementación de un método para la distribución física de la planta, 2004.
- Zapata Carlos Mario y Sandra Milena Villegas. Reglas de consistencia entre modelos de requisitos de un método, Medellín-Colombia, Universidad EAFIT, 2006, pp. 40-59. Disponible en redalyc.uaemex.mx/redalyc/pdf/215/21514104.pdf
- Sociedad Latinoamericana para la Calidad (SLC), Diagrama causa-efecto, 2000. Disponible en http://www.ongconcalidad.org/causa.pdf
- Romero Bermúdez, Erika, Díaz Camacho, Jacqueline El uso del diagrama causa-efecto en el análisis de casos. Revista Latinoamericana de Estudios Educativos (México). 2010, XL (3-4), 127-142[fecha de Consulta 7 de abril de 2021]. ISSN: 0185-1284. Disponible en: https://www.redalyc.org/articulo.oa?id=27018888005

CAPÍTULO V

DESERCIÓN UNIVERSITARIA: ELEMENTOS QUE LA PROVOCAN

Juan Carlos Farías Bracamontes, Haynet Rivera Flores,
Claudia Galicia Solís, María Teresa Netza Lara

Introducción

El tema de la deserción escolar y su afectación en el rendimiento académico parece ser de interés general para todas las instituciones de los diferentes niveles educativos, ya se ha del sector privado o público, en el viejo continente o el nuevo continente, ya que todas las escuelas le afectan económicamente este aspecto. Para analizar esta problemática es necesario mencionar otra característica en donde las universidades tienen planteadas un gran número de situaciones que son de mucha preocupación y de bastante interés, donde el punto clave es la deserción escolar, este término proviene del latín *desertare* que significa abandono. Tinto (1975) realizo los primeros estudios para este fenómeno, en donde se delimita a la deserción como *"el abandono permanente de los estudios de la carrera seleccionada"*, en contraste para Díaz (2009) que menciona que es *"un abandono voluntario"* en el que se encuentran relacionadas las variables socioeconómicas, individuales, institucionales y académicas, en tanto Arce, Crespo y Míguez (2015) la describen como *"el abandono de los estudiantes de un programa de enseñanza"* lo cual se trata del abandono de un programa de estudios sin la obtención del grado académico, marcando que transcurrirá un tiempo suficientemente largo para quitar la idea de un posible regreso a sus estudios (Himmel, 2002). Lo que creara una falsedad entre las expectativas de formación y la posibilidad real de lograrlas (Lemos Ruiz et al., 2016), visualizada en la no reincorporación de la matrícula escolar (Hernández & Rodriguez, 2008) creando un verdadero problema en las instituciones de nivel superior.

Desarrollo

Para Ayala (2020)la deserción escolar es un fenómeno donde el alumno deja de asistir a clases quedando fuera del sistema educativo sin recibir ningún documento de estudios. En Latinoamérica se observa con mucha frecuencia ya que es un área con un alto índice de abandono escolar.

La deserción universitaria es un problema global que se muestra como resultado de la relación que existe entre muchas variables dentro de un sistema social muy complejo. Aunque varios autores manejan el factor económico como una causa principal (Pachay & Rodriguez, 2021), es importante hacer mención de como la interacción de los diferentes factores que intervienen en el desarrollo académico del estudiante, son el resultado del problema principal.

Factor Social

Aunando en el problema principal de la deserción, esta situación trae consigo una gran variedad y múltiples consecuencias. De un modo individual, el desertor enfrenta un gran conflicto social por su poca competencia, además de eso, se ha visto que un gran número de actos delictivos y crímenes son cometidos por jóvenes que en su mayoría han desertado de la escuela (Ramírez Salazar et al., 2015).En un modo social la decisión del abandono escolar en base a factores de su dimensión psicológica de índole social, los jóvenes ingresan a otras situaciones: trabajo, delincuencia, maternidad, enfermedad entre otros (Bravo Solano, 2020). Una posible razón de esta situación puede ser cuando un niño en su etapa de formación, la cual es planteada por Erickson, no es diagnosticado oportunamente; su proceso de integración social en el aula será más difícil y complicada. Estos niños con problemas de aprendizaje, en ocasiones serán discriminados, incapacitándoles una oportunidad de adquirir una buena educación, (V Tinto et al., 2009). A pesar de que genera problemas en la educación inicial la falta de una detección temprana, un alumno que es identificado en niveles superiores puede ser reorientado en su formación. Para solucionar esta situación deberá tener una correcta orientación social que le permitirá la correcta integración en su medio de desenvolvimiento.

Factor Académico.

Los programas de estudio tradicionales que son impartidos en los colegios, no utilizan a su favor los avances en la pedagogía y aplican métodos de enseñanza que están actualmente desfasados, de igual manera el contenido temático no es útil ni practico y esto es más difícil si se consideran los cambios en la sociedad y la cultura a la que nos estamos enfrentando de manera global. (Vargas Porras et al., 2019)

Como parte del factor académico se ha incluido el termino orientación vocacional donde Silvia (2019) indica que a partir del año 1908 se creó el primer Buró de Orientación vocacional a cargo de Frank Parsons. Y en ese momento se implementa el término *"Vocational Guidance"* el cual se ocupa para unir un conjunto de características que permiten seleccionar la profesión más idónea de acuerdo a la persona en particular.

La teoría de motivación humanista que planteo Maslow en los años cuarenta establece que el individuo prioriza sus necesidades por impulsos fisiológicos donde determina a una persona satisfecha cuando satisface sus necesidades fisiológicas, de seguridad, de amor y estima, no obstante, en el caso de la satisfacción personal, este autor considera que tenemos ciertas características que nos llevan a buscar destacar como el mejor dentro de un área. Por lo que basándonos en esta idea y con la premisa de que el alumno busca su realización personal y al no tener una correcta orientación vocacional (Silva Mantilla et al., 2019) desencadenara en una mala elección de la carrera, un ejemplo de ello se puede observan en el área de las ciencias de la ingeniería, la cual al no ser correctamente detallada, como es la aplicación de las ciencias exactas (Castillo-Sánchez et al., 2020), provoca un alto índice de abandono escolar que al ser comparado con carreras del área de sociales y humanidades estas presentan una menor tasa de deserción (Escobar et al., 2007).

Dentro de este orden de ideas, la investigación muestra que el papel del docente cumple un papel decisivo en la permanencia del alumno, ya que, al no tener una correcta técnica pedagógica en la impartición del contenido didáctico, no cumplir con los tiempos marcados en el plan educativo, no estar actualizado en los contenidos, un mal dominio del área que expone, o no motivar al estudiante para continuar los estudios, genera un riesgo en el aumento del abandono escolar(Natacha et al., 2019).

En un modelo de educación presencial se puede observar las relaciones estrechas y permanentes entre los docentes y alumnos, permitiendo beneficiar a estos últimos ya que desarrollan de mejor manera la adaptación académica como parte del bienestar psicológico. De esta manera se puede influenciar de manera eficaz la integración del estudiante y la permanencia del mismo para terminar sus estudios. (Tuero Herrero et al., 2018)

Cabe considerarse por otra parte, en un modelo virtual o semi presencial se puede incurrir en prácticas como el ciber acoso o acoso estudiantil como lo menciona Prieto Quezada (2015)

> *"El acoso en el ámbito escolar, entonces, no sólo se presenta en el salón de clases, sino que echa raíces rápidamente en algunas de las formas de comunicación virtual conocidas como redes sociales, de las que una asombrosa cantidad de jóvenes universitarios forma parte."*

El aumento de casos en este rubro a aumentado en la actualidad, y ha despertado el interés por este problema a nivel superior y observando la proporción de individuos que presentan la misma característica, siendo una posible causa de abandono escolar (Bernardo et al., 2020)

Por último, es conveniente acotar en este factor la calidad académica y de infraestructura como lo expresa Guillermo Sanchez (2017) el cual, en su estudio menciona que los resultados del Índice de Deserción Semestral permiten predecir la permanencia del estudiante si se garantiza la calidad académica y de infraestructura, para conciliar este autor menciona:

> *"Bean y Eaton (2001) recalcan la importancia que tiene que la institución genere y cuente con mecanismos —grupos de aprendizaje, servicios de orientación personal y vocacional,*

entre otros— para lograr que el estudiante se integre a la institución; en la medida que se garantice lo señalado, se logrará su permanencia."

Por lo que se considera permitente la participación de las escuelas en la acción de disminución de la deserción educativa.

Factor Familiar

El rol de la familia como participante de las acciones de prevención para evitar el abandono escolar, lo podemos fundamentar con una teoría constructivista del desarrollo humano, planteada por Lev Vygotsky el cual hace mención de la participación del adulto o de los compañeros adelantados como apoyo, dirección y organización del aprendizaje del estudiante, a modo de un paso antecesor a que este último pueda manejar de manera correcta en estas facetas, teniendo entendido que domina los conceptos conductuales y cognoscitivos que la actividad exige.

En relación al ambiente familiar en el cual se encuentran los estudiantes de nivel superior, se ha observado que cuanto más alto es el nivel social, económico y educativo de los padres, disminuye la tendencia de los estudiantes a abandonar su educación superior. Y esto es visible, por ejemplo: en el sostén, las aspiraciones del estudiante y del núcleo familiar en relación con las responsabilidades académicas de los hijos, también, las reacciones que el apoyo familiar pueda implicar en los estudiantes y la forma en como hacen frente a las exigencias que involucra la educación universitaria. Ellian (2020)en su estudio observo que los jóvenes que estaban formados en un núcleo familiar más unido demostraban un mayor grado de compromiso en su preparación académica, si se comparaba con otros alumnos los cuales provenían de familias más separadas.

Factor Económico

El factor económico es uno de los temas de mayor abordaje y por lo tanto más investigado, esto es debido a que se le puede considerar como el de mayor afectación, debido a que afecta en niveles como son: la escuela, la familia del alumno, el nivel económico del estudiante y si lo observamos en un modo más global, afecta incluso al estado donde se ubique la institución.

En la escuela

En función de lo planteado, el alto índice de deserción involucra acciones por parte de las instituciones educativas, y esto no solo es en lo que corresponde a la investigación con el fin de identificar las causas o establecer metodologías que permitan reducir este problema, sino que también corresponde a cuantificar en términos de costo y gestión el impacto del fenómeno y el personal administrativo universitario deberán determinar las acciones correspondientes. (Améstica Rivas et al., 2021), además de tener una influencia en el órgano de calidad de la institución, así como, en los procesos de acreditación de los programas educativos.

En la familia

En este orden de ideas, en el terreno económico, es necesario considerar las características de la región y el lugar de radicación de la región, y esto es debido a que algunos de los estudiantes proceden de familias con escasos recursos económicos y que al momento de que el alumno toma la decisión de estudiar y tomando en cuenta que la familia sufraga un porcentaje alto de la educación (López Cózar et al., 2020), la familia realiza grandes esfuerzos para que puedan contar con la educación de nivel superior. Esto se relaciona directamente con el fracaso y la consideración de la educación como un medio para cambiar sus condiciones de vida(Mayorga et al., 2020).

En el estudiante

Cabe resaltar, que un estudiante en su etapa de formación académica en muchas ocasiones tiene la necesidad o la oportunidad de obtener ingresos económicos por una actividad laboral lo cual, puede formar parte de su formación personal, o también puede repercutir y afectar su desempeño escolar. De acuerdo a esta idea, se hace necesario realizar y continuar con los estudios con el fin de reducir la repercusión del ausentismo escolar, con el fin de que las instituciones tomen medidas adecuadas para contrarrestar esta situación problemática (Alfonso Matallana et al., 2019). Esta situación ha puesto de manifiesto, en los estudiantes, la falta de recursos económicos y en algunos casos para continuar sus estudios deciden trabajar lo que provoca la ausencia a las instituciones educativas. De Igual manera la falta de recursos para solventar los gastos de su casa, su alimentación, su atuendo, la trasportación, materiales educativos y equipos para prácticas de laboratorio, provoca indecisión e insuficiencia para cubrir las necesidades, permeando en el alumno la desincorporación de sus estudios (Albarrán Peña, 2019).

En el estado

Dentro de este marco, y con el fin de librar el fenómeno de la deserción escolar, el estado debe ofrecer servicios de calidad en las instituciones de carácter público y carácter privado o establecer alianzas que involucren estrategias con el fin de resolver este problema estableciendo una mejor condición de la calidad de vida para los sectores más desprotegidos en el ámbito social y el ámbito económico. Abril Valdez (2008) hace referencia que la información obtenida en su estudio, en el muestra la necesidad de un modelo de intervención el cual debe estar fundamentado en políticas educativas las cuales motiven a los actores que interactúan en este ambiente social a tener una mayor adherencia al sistema educativo, permitiendo que de una manera más sencilla se dé el tránsito entre subsistemas y se pueda reestructurar los sistemas de comunicación. (Hernández Dávila & Díaz Abdala, 2017).

Factor Personal

El periodo de adolescencia es una etapa de gran vulnerabilidad, en la cual las mujeres adolescentes están mayormente expuestas a grandes riesgos. La capacidad de respuesta a estos peligros dependerá directamente de las capacidades de adaptación social y la toma de decisión para alejar lo riesgoso. Mientras más educación reciban las adolescentes, es menos probable el riesgo de embarazo y que sus hijos tengan una mejor calidad de vida.

Ser madre y estudiante

Estereotipos (78) de carreras masculinas y femeninas

Oportunidad laboral (16)

Conclusión

La deserción escolar es un fenómeno en el que está inmerso una gran variedad de factores, por esta razón es de vital importancia que todos los integrantes que intervienen en el problema se integren y fomente la estabilidad del núcleo familiar, se propicie el desarrollo de un espacio académico positivo, un área de estudio correcto, crear y mantener un excelente entorno que propicie relaciones docente-alumno de manera positiva, ocuparse de manera más efectiva las situaciones problemáticas, tanto de índole académica como personal las cuales afectan directamente al estudiante. Asimismo, orientar a los jóvenes a que se integren e identifiquen en sus intereses, sus gustos, sus talentos y todo aquello que sea potencialmente de su agrado con el fin de culminar sus estudios de manera satisfactoria. Es importante asegurar los estudios de calidad para todos los integrantes de la matrícula académica. Es importante crear mecanismos que fomenten el estudio y el interés por aprender; ya que el futuro de una persona depende de la educación que lo forme.

Referencias

Abril, E., Cubillas, M., & Moreno, I. (2008). ¿Deserción o autoexclusión? Un análisis de las causas de abandono escolar en estudiantes de educación media superior en Sonora, México. *Revista Electrónica de Investigación Educativa, 10*, 16. http://www.redalyc.org/articulo.oa?id=15510107

Albarrán Peña, J. M. (2019). La deserción estudiantil en la Universidad de Los Andes (Venezuela). *Educación y Humanismo*, *21*(36), 60–92. https://doi.org/10.17081/eduhum.21.36.2806

Alfonso Matallana, W. R., González Veloza, J., & Fonseca Gómez, L. R. (2019). MODELO SOBREVIDA PARA LA DESERCIÓN ESTUDIANTIL DE LOS PROGRAMAS DEL NIVEL TÉCNICO EN UNA IES DE FORMACIÓN PARA EL TRABAJO EN LA CIUDAD DE BOGOTÁ. *Los Libertadores*, 23.

Améstica Rivas, L., King Domínguez, A., Gutiérrez Sanhueza, D., & González Ramirez, V. (2021). Efectos económicos de la deserción en la gestión universitaria: el caso de una u niversidad pública chilena. *Hallazgos*, *18*(35), 209–231.

Arce, M. E., Crespo, B., & Míguez-Álvarez, C. (2015). Higher Education Drop-Out in Spain-Particular Case of Universities in Galicia. *International Education Studies*, *8*(5). https://doi.org/10.5539/ies.v8n5p247

Ayala, M. (2020). *Deserción escolar: características, causas, tipos, consecuencias*. Deserción Escolar. Lifeder. https://www.lifeder.com/desercion-escolar/

Bernardo, A. B., Tuero, E., Cervero, A., Dobarro, A., & Galve-González, C. (2020). Acoso y ciberacoso: Variables de influencia en el abandono universitario. *Comunicar*, *28*(64), 63–72. https://doi.org/10.3916/C64-2020-06 |

Bravo Solano, M. S. (2020). *Informe final del examen complexivo* (Vol. 1).

Castillo-Sánchez, M., Gamboa-Araya, R., & Hidalgo-Mora, R. (2020). Factores que influyen en la deserción y reprobación de estudiantes de un curso universitario de matemáticas. *Uniciencia*, *34*(1), 219–245. https://doi.org/10.15359/ru.34-1.13

Escobar, M., Hernandez, S., & Mocha, E. (2007). La deserción en la Universidad de los Llanos. *ORINOQUIA*, *11*(1), 23–40.

Facundo Díaz, Ph. D, Á. H. (2009). Análisis sobre la deserción en la educación superior a distancia y virtual: el caso de la UNAD - COLOMBIA. *Revista de Investigaciones UNAD*, 8(2), 117. https://doi.org/10.22490/25391887.639

Hernández Dávila, R., & Díaz Abdala, W. E. (2017). Consideraciones teóricas y metodológicas para investigar sobre deserción escolar. *Revista Perspectivas*, 2(2), 97. https://doi.org/10.22463/25909215.1315

Hernández, J., & Rodriguez, J. (2008). La deserción escolar universitaria en México. La experiencia de la Universidad Autónoma Metropolitana Campus Iztapalapa / The university scholastic desertion in México. The experience of the Universidad Autónoma Metropolitana Campus Iztapalapa. *Revista Electrónica Actualidades Investigativas En Educación*, 8(December). https://www.researchgate.net/publication/26512966_La_desercion_escolar_universitaria_en_Mexico_La_experiencia_de_la_Universidad_Autonoma_Metropolitana_Campus_Iztapalapa_The_university_scholastic_desertion_in_Mexico_The_experience_of_the_Universidad_A

Herrero, E. T., Galavís, I. A., Contreras, A. U., Díez, F. J. H., & Bernardo Gutiérrez, A. B. (2020). Intención de abandonar la carrera: Influencia de variables personales y familiares. *Revista Fuentes*, 22(2), 142–152. https://doi.org/10.12795/revistafuentes.2020.v22.i2.05

Himmel, E. (2002). Modelo de análisis de la deserción estudiantil en la educación superior. *Calidad En La Educación*, 17, 91. https://doi.org/10.31619/caledu.n17.409

Lemos Ruiz, C. C., Cardeño Portela, E., & Siosi Pino, M. (2016). Factores Asociados a la Deserción Institucional en la Universidad de la Guajira. *Escenarios*, 14(1), 19. https://doi.org/10.15665/esc.v14i1.875

López Cózar, N. C., Benito Hernández, S., & Priede Bergamini, T. (2020). Un análisis exploratorio de los factores que inciden en el abandono universitario en titulaciones de ingeniería. *REDU. Revista de Docencia Universitaria*, 18(2), 81. https://doi.org/10.4995/redu.2020.13294

Mayorga, C., Magaña, C., & Palmero, R. (2020). Causas de la deserción escolar en Ingeniería en Electrónica y Computación del Centro Universitario de los Valles de la Universidad de Guadalajara (México). *ESPACIOS*, *41*(06), 15.

Natacha, C., Cardoso, P., Antonia, E., Mendoza, C., Pedro, R., Mella, S., Elizabeth, M., Martínez, M., Paulina, N., Bermeo, B., Yamara, L., Loor, Z., & Barreto, E. (2019). Deserción y repitencia en estudiantes de la carrera de Enfermería matriculados en el período 2010-2015. Universidad Técnica de Manabí. Ecuador. 2017. *Educación Médica*, *20*(2), 84–90. https://doi.org/10.1016/j.edumed.2017.12.013

Pachay, M. J., & Rodriguez, M. (2021). La deserción escolar: Una perspectiva compleja en tiempos de pandemia. *Polo Del Conocimiento*, *6*(1), 130–155. https://doi.org/10.23857/pc.v6i1.2129

Prieto Quezada, M., Carrillo Navarro, J., & López, L. (2015). Violencia virtual y acoso escolar entre estudiantes universitarios: el lado oscuro de las redes sociales. *Innovación Educativa (México, DF)*, *15*(68), 33–47.

Ramírez Salazar, M. A., Casas Sáenz, V. M., Téllez Hernández, L., & Arroyo Álvarez, A. (2015). Deserción escolar y menor infractor. *Revista de Psicología y Ciencias Del Comportamiento de La Unidad Académica de Ciencias Jurídicas y Sociales*, *6*(1), 1–32. https://doi.org/10.29365/rpcc.20150529-34

Sánchez-Hernández, G., Barboza-Palomino, M., & Castilla-Cabello, H. (2017). Análisis de la deserción y los factores asociados a la permanencia estudiantil en una universidad peruana. *Actualidades Pedagógicas*, *1*(69), 169–191. https://doi.org/10.19052/ap.4075

Silva Mantilla, S. K., Espitia Martinez, R. A., Benavides, M. A., & Ricardo Diaz, S. M. (2019). El impacto de la orientación vocacional y profesional en la disminución de la tasa de deserción en los procesos de formación académica en las Instituciones de Educación Superior de la ciudad de Medellín. In *Journal Online Internacional* (Vol. 53, Issue 9). www.journal.uta45jakarta.ac.id

Tinto, V, Dubs, R., Goldenhersh, H., Coria, A., Saino, M., Izquierdo, C., Rodríguez, P., Aguerrondo, I., Guzmán, C., Durán, D., Franco, J., Castaño, E., Gallón, S., Gómez, K., Durán, M., Díaz, C. J., Escobar, L., Hernández, L., Mocha, P., ... García, C. (2009). Deserción universitaria y alfabetización académica. *Revista Virtual Universidad Católica Del Norte*, 4(1). https://doi.org/10.2139/ssrn.1366327

Tinto, Vincent. (1975). Dropout from Higher Education: A Theoretical Synthesis of Recent Research. *Review of Educational Research*, 45(1), 89. https://doi.org/10.2307/1170024

Tuero Herrero, E., Cervero, A., Esteban, M., & Bernardo, A. (2018). ¿POR QUÉ ABANDONAN LOS ALUMNOS UNIVERSITARIOS? VARIABLES DE INFLUENCIA EN EL PLANTEAMIENTO Y CONSOLIDACIÓN DEL ABANDONO. *Educacion XX1*, 21(2), 131–154. https://doi.org/10.5944/educXX1.20066

Vargas Porras, C., Parra, D. I., & Roa Díaz, Z. M. (2019). Factores relacionados con la intención de desertar en estudiantes de enfermería. *Revista Ciencia y Cuidado*, 16(1), 86–97. https://doi.org/10.22463/17949831.1545

CAPÍTULO VI

DESARROLLO DE UN SISTEMA INFORMÁTICO PARA LA ASIGNACIÓN Y ORDENAMIENTO URBANO

Jesús Cerón Melchor, Ana Laura Flores Hernández, Noemí González León, Alberto Portilla Flores.

Resumen

En éste documento se presenta el resultado de la implementación del sistema informático de escritorio para la asignación y ordenamiento urbano SAORU, en el Municipio de Tlaxco, Tlaxcala, México. La metodología ocupada es por prototipos, el sistema permite realizar un control mediante la asignación, ordenamiento sobre los inmuebles y asentamientos humanos, almacenando la información generada en una base de datos. El sistema beneficia a la población en general, al departamento de obras públicas, a otros departamentos como tesorería, al sistema de agua potable y alcantarillado, ya que facilita la ubicación de cada inmueble. El estudio se realiza de forma conjunta entre la Universidad Autónoma de Tlaxcala y el Instituto Tecnológico Superior de la Sierra Norte de Puebla, México.

Palabras clave Sistema informático, asignación, ordenamiento, urbano.

Abstract

This document presents the result of the implementation of the desktop computer system for the allocation and urban planning SAORU, in the Municipality of Tlaxco, Tlaxcala, Mexico. The methodology used is by prototypes, the system allows to carry out a control through the assignment, ordering of the real estate and human settlements, storing the information generated in a database. The system benefits the general population, the public works department, other departments such as the treasury, the drinking water and sewerage system, since it facilitates the location of each property. The study is carried out jointly by the Autonomous University of Tlaxcala and the Higher Technological Institute of the Sierra Norte de Puebla, Mexico.

Keywords Computer system, allocation, ordering, urban

Introducción

La importancia de este estudio radica en el desarrollo de un sistema informático para la asignación y ordenamiento urbano del Municipio de Tlaxco, Tlaxcala, México. El crecimiento industrial dentro de una región es importante ya que de esto dependerá cómo será su crecimiento, su economía, trabajo o educación, mejorando la calidad de vida de sus habitantes con las ventajas y desventajas que esto conlleva. Según el periódico "La Jornada de Oriente" y datos recabados por INEGI en el año 2019, la actividad industrial en el estado de Tlaxcala creció un 15.7 %, ocupando un segundo lugar, tan solo debajo de Colima con un total de 19.3 %. El estado de Tlaxcala tiene muchas ventajas competitivas, entre las que destaca la ubicación estratégica en el centro del país, su desarrollo en infraestructura, su conectividad y la mano de obra capacitada con la que cuenta.

Actualmente el crecimiento de la población dentro de la localidad de Tlaxco ha generado nuevos asentamientos y apertura de negocios, lo cual genera el siguiente problema, a cada nueva construcción se le otorga un nuevo número de dirección, sin tomar en cuenta si este número ya está registrado, generando registros duplicados, falta un control de documentos pues no se lleva un control dentro de algún sistema u hoja de registro, creando así registros con números idénticos en distintas ubicaciones, falta de personal dentro de la dirección de obras públicas desarrollo urbano y ecología capacitado con conocimientos en el manejo de base de datos y desarrollo en un sistemas informáticos.

El objetivo del presente estudio es el desarrollo de un sistema informático para controlar, almacenar, asignar y realizar el control urbano en el

Municipio de Tlaxco, con la finalidad de llevar un ordenamiento y un mejor control sobre los inmuebles y asentamientos humanos.

Entonces es posible que con la implementación del sistema de información SAORU se puede optimizar el proceso de registro, actualización de viviendas y comercios de los nuevos asentamientos urbanos del Municipio de Tlaxco Tlaxcala, a su vez el sistema será de utilidad para la gestión y almacenamiento de información de los nuevos y actuales asentamientos.

Al ser implementado, el sistema beneficia a la población en general, al departamento de obras públicas, a otros departamentos, a tesorería, al Sistema de agua y alcantarillado, entre otros.

Se estudia a Pascal, et al, en el 2016, por que propone un modelo a través de la implementación de un Sistema de información geográfica representando la distribución de los sectores comercial, industrial y profesional, resuelve el problema complejo de planificación y gestión de la ciudad de Urdinarrain, Argentina. Vázquez, en el 2017; propone optimizar el Sistema de nomenclatura vial y domiciliaria actual del Cantón Ibarra, Ecuador, elimina pasos repetitivos en los procedimientos de asignación, diseño e implementación de la nomenclatura permitiendo tener una información catastral predial urbana y rural certera, confiable y oportuna. Garay, en el 2018, realiza la actualización para una unificación de nomenclatura domiciliaria de la zona urbana del Municipio de Silvania Cundinamarca, para el orden y planeación de un territorio, facilitando la ubicación de los predios y las vías urbanas. Ocupa una metodología propia. Gelves, en el 2020, propone la actualización de la nomenclatura domiciliaria de la ciudad de Tunja, se basa en el Manual de nomenclatura y numeración urbana del banco mundial; hace uso de Excel y ArcGis como herramientas de registro. Rojas, en el 2016, desarrollo de un prototipo funcional para la aplicación móvil q-bus para la plataforma IOS, que brinde información de las rutas de transporte público en la ciudad de quito utilizando bluetooth low energy, códigos Qr y geo posicionamiento. Utiliza la metodología de desarrollo basada en prototipos.

Metodología

La metodología ocupada es por prototipo, bajo las siguientes fases: investigación preliminar, análisis y evaluación, diseño y construcción, evaluación, modificación, programación, prueba y Operación. Durante el proceso para el desarrollo del Sistema se utilizaron varias herramientas como el IDE de *NetBeans*; *Workbench,* para la configuración del servidor, administración de usuarios y respaldo, *Balsamiq Mockups;* para el diseño de forma rápida y sencilla del prototipo, *StarUML;* para el modelado del Sistema; *Visual Studio Code*, para la aplicación de escritorio; *CorelDraw.* para el diseño de la intefaz; *API Google Maps,* como enlace a mapas interactivos en la región; *Launch4j,* para empaquetar la aplicación; *Inno Setup*, como instalador. Para la investigación preliminar se realizó una serie de entrevistas para analizar el problema, determinar los objetivos meta y las necesidades requeridas.

Para la investigación preliminar fue necesario saber cómo funciona el departamento de obras públicas, ¿cómo realizan los procesos? y ¿quién o quiénes son los involucrados dentro de las acciones? Usando para este propósito el recurso de la entrevista aplicada al Coordinador de desarrollo urbano, de la Dirección de obras públicas, desarrollo urbano y ecología. Con los datos obtenidos se da a conocer que la finalidad del sistema es para realizar los registros necesarios de las viviendas y sus posibles modificaciones. Para el desarrollo del Sistema SORU se ocupa software libre ya que no requiere de una licencia.

Se realiza el primer prototipo y se aplica una encuesta para obtener información sobre la funcionalidad del sistema propuesto, obtenido datos de uso y las posibles mejoras o retroalimentación del prototipo, del diseño y otros casos. Una vez obtenidos los resultados de las encuestas para la evaluación del primer prototipo, se realizó otra encuesta dirigida al jefe del departamento de tesorería, con el propósito de saber cuáles serían las siguientes mejoras o funciones que tendría el proyecto, haciendo así que los requerimientos funcionales y no funcionales aumentaron para poder cumplir con las nuevas necesidades planteadas. Para el diseño del Sistema SAORU se ocupa *StarUML* como se observa en la figura 36.

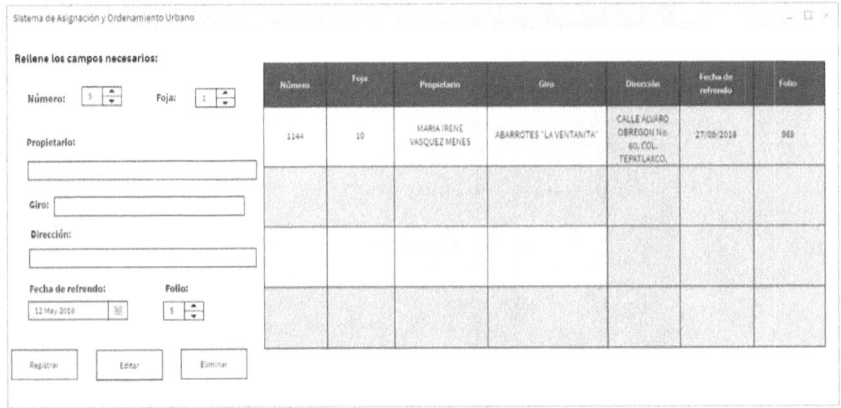

Figura 36. Sistema SAORU

Diseño y construcción. En la figura 37.se muestra la Construcción prototipo inicial Para la evaluación: se verifica los requerimientos, se mejora la interfaz, se agregar la opción de "Registros de viviendas" y "Control de usuarios" y se elimina los siguientes datos: "Folio y foja"

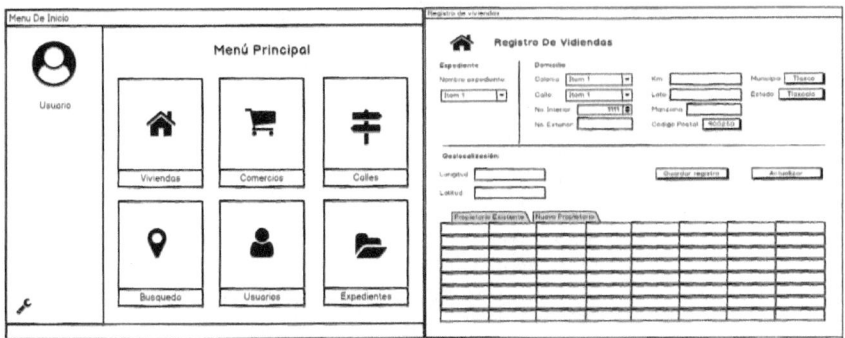

Figura 37. Diseño y construcción

En el diseño técnico se elabora la maqueta del menú principal y el registro de viviendas con la finalidad de llevar a cabo las operaciones de actualización de datos en registros ya existentes. Se diseña la maqueta para cada una de la interface del Sistema se observa el diseño de la maqueta de expedientes. Programación y prueba. Las especificaciones del diseño técnico son codificadas; en la figura 38, se muestra parte de la codificación del Script de la base de datos SAORU de la aplicación de escritorio.

```
public void ValidarAcceso() throws SQLException
{
    Connection ConCad= null;
    int resultado = 0;
    try{
        String User=TxtUsuario.getText();
        String contraseña=String.valueOf(PsContra.getPassword());
        String encripPass=DigestUtils.md5Hex(contraseña);
        String SQL= "select * from Usuarios where Usuario='"+User+"' and Contraseña='"+encripPass+"'and ValorUsuario='"+1+"'";
        ConCad=getConnection();
        Statement st=ConCad.createStatement();
        resultRS=st.executeQuery(SQL);
        if(resultRS.next())
        {
    resultado=1;
            if(resultado==1)
            {
                String SQL2="Select Nombre from Usuarios where Usuario='"+User+"'";
                String SQL3= "update usuarios set UltimaSesion= NOW() where Usuario ='"+User+"'";
                ConCad=getConnection();
                Statement st2=ConCad.createStatement();
                ResultSet ResulTN=st2.executeQuery(SQL2)
                while(ResulTN.next()) {
                    NombreUser=(String) ResulTN.getString("Nombre"); }
                Statement st3=ConCad.createStatement();
                st3.executeUpdate(SQL3);
                Usuariotexto=TxtUsuario.getText();
                Menu_SAORU m= new Menu_SAORU();
                m.setVisible(true);
                this.dispose();
    ConCad.close();
            }
            }
            else if(TxtUsuario.getText().isEmpty()||PsContra.getText().isEmpty()){
                JOptionPane.showMessageDialog(null,"Hay campos vacios verifique y vuelva a intentar.");
                ConCad.close();          }
            else {
                JOptionPane.showMessageDialog(null, "Error al intentar acceder, Verifique los datos y vuelva a intentarlo.");
                limpiar();
                ConCad.close(); }        }
        catch(HeadlessException | SQLException e) {
            JOptionPane.showMessageDialog(null, "Error al conectarse con el serviddor. Intentelo más tarde.");
            ConCad.close();
        }
    }
```

Figura 38. Parte del programa del Sistema SAORU

Resultados

Se ha desarrollado un sistema informático para la asignación y ordenamiento. urbano del municipio de Tlaxco, Tlaxcala; el sistema cuenta con una interfaz de Inicio de sesión, el Jefe de departamento al ingresar al Sistema introduce su Usuario y contraseña para poder acceder al sistema y manipular los datos generados por los inmuebles y comercios. El menú principal del sistema SAORU, es sencillo, muestra iconos que permiten una interfaz amigable.

Para el registro, modificación y visualización de viviendas. Se realiza la asignación correcta de números interiores y exteriores. El sistema permite a los usuarios en general, realizar el registro de viviendas. Si el registro es para una calle nueva y para evitar la duplicidad de los números externos el sistema hace una consulta con la base de datos para verificar que no existe el número a asignar. Con la opción de actualizar los datos de la vivienda, solo se permitirá si es que este ha sido un error en la captura de los datos. Una vez realizado el registro, el sistema muestra los datos insertados.

Para el registro de comercios y propietarios; la asignación correcta y eficiente de los números externos para cada uno de los inmuebles y evitar los datos repetidos o duplicados. El sistema permite a todos los usuarios el poder realizar el registro de los datos referentes al comercio (nombre del comercio, giro, descripción y fecha de refrendo). Agregando también los datos de la ubicación del comercio, tomando en cuenta que como campo nulo podrá ser colocada la geolocalización.

Además, permite editar los datos del comercio o si el propietario desea cambiar algún dato. Por otro lado, se permite eliminar los comercios que sean necesarios mediante una baja. El sistema permite guardar los registros de los propietarios dados de alta dentro del departamento de tesorería. También el sistema no permite agregar un nuevo registro con datos repetidos, es decir si ya existe un propietario, es posible seleccionar el registro para agregarle un nuevo comercio a su registro si es el caso. Si se solicita realizar un cambio de dueño o propietario será posible editarlo para modificar los datos. En lo referente a la numeración de los comercios, el sistema deberá realizar la consulta dentro de las viviendas y comercios para poder verificar que el número no esté en uso. El sistema permite el registro para dar de alta y modificación de calles. Para llevar un control de datos de calles y rango de números. Los administradores tienen el permiso dentro del sistema para crear los registros necesarios de las calles. Cada una de las calles son registradas y asignadas a una colonia haciendo más fácil la carga y registro de los datos. Para el registro de una calle ya existente solo será necesario el nombre. En caso de ser una calle nueva además del nombre, se podrá agregar un rango inicial y un rango final para manipular los números internos y externos de los comercios y de las viviendas. Los rangos los son proporcionados por el administrador / jefe de departamento. Para una actualización de la información, solo se actualiza el nombre del registro tanto en calles nuevas como en antiguas. Para facilitar la actualización de los datos se coloca un control de búsqueda.

La interfaz de Control de usuarios permite el alta, modificación y eliminación de usuarios; su finalidad es restringir el uso de la aplicación a usuarios no autorizados. Para poder controlar el acceso a los usuarios el sistema permite a los administradores el poder crear usuarios, existe dos tipos de usuarios (administrador y usuario). Los tipos de usuario delimitan los servicios que provee el sistema a cada tipo de cuenta. Los datos requeridos para una cuenta de usuario son el nombre y los apellidos. El nombre de usuario se generará automáticamente a partir de los datos registrados. Se proporciona la contraseña y esta puede ser cambiada por el mismo usuario. En caso de realizar una modificación, no pueden ser cambiado los datos del usuario ni el usuario en sí mismo, solo se genera una contraseña nueva. Además, el sistema también permite realizar el cambio de rango es decir de usuario a administrador y viceversa. Por otro lado, el sistema visualiza los usuarios registrados y su última conexión en el sistema.

Otra opción con la que se cuenta es eliminar a los usuarios, en este caso solo el administrador puede realizar esta acción, y el usuario afectado será eliminado y perderá su acceso al sistema. En el Sistema SAORU es posible la Creación de expedientes. Para el registro de un alta de expediente es por año. La finalidad es llevar un registro anual de los datos. El sistema crea expedientes generales por año almacenando los datos tanto de comercios como de viviendas que se registren durante el transcurso del año. Para este caso solo los administradores o jefes del departamento serán quienes tengan esta opción habilitada. Los expedientes se generan usando la abreviatura EXPGEN y se concatena con el año seleccionado. El Sistema cuenta con la opción de realizar una consulta a la base de datos para verificar los datos que se encuentran en el expediente. El sistema no permite la modificación de los expedientes y mucho menos el poder eliminarlos. Para verificar que los expedientes se han creado estos podrán ser visualizados dentro de la aplicación.

Para evaluar la calidad de un sistema informático son utilizadas métricas las cuales proporcionan una visión del Sistema. Se ocupa la métrica línea de código llamada LOC, para medir que tan grande es un sistema, además permite al programador saber el cuanto grande es su trabajo, para la obtener los datos se ocupó una aplicación que cuenta el total de líneas de código que se encuentran dentro del sistema. El nombre de esta aplicación es campus MVPLOC, el cual es de uso gratuito y es posible ejecutarlo desde la consola del sistema. La aplicación se encarga de entrar en cada una de las carpetas y en cada uno de los archivos que componen la aplicación para después contar cada una de las líneas que se encuentren dentro, posteriormente muestra en pantalla el resultado de las líneas de código totales, las líneas que se han quedado en blanco (aberturas y cierres de métodos, saltos de línea, entre otros) y por último cuenta el total de líneas comentadas.

Para medir las líneas de código se describe la ecuación 1:

$$TLOC = LOC + BLOC + CLOC \qquad (1)$$

Dónde:

TLOC: total de las líneas del código.

LOC: líneas del código que se ejecutan.

BLOC: líneas en blanco, {}.

CLOC: líneas de código que se encuentran comentadas.

Sustitución de variables:

TLOC= 12,532 + 1,570 + 452

TLOC = 14,527

LOC = 12.532

BLOC = 1,570

CLOC = 425

Por lo tanto, el total de líneas de código desarrolladas para el funcionamiento del Sistema SAORU son 14,527

En base a los datos obtenidos en la figura 17 se obtiene el Porcentaje de líneas de código ejecutables como se describe en la ecuación 2:

PLOC = (LOC * 100) / TLC   (2)

Realizando la sustitución:

PLOC = (12,532 * 100) / 14527

PLOC = **80.26 %**

Por lo tanto, el porcentaje de líneas de código que son ejecutables es un 80.26%,

El Porcentaje de líneas de código en blanco se obtiene mediante la ecuación 3:

PBLOC = (BLOC * 100) / TLOC   (3)

Sustituyendo las variables:

PBLOC = (1,570 * 100) / 14,527

PBLOC = 10.80 %

El porcentaje de líneas de código en blanco del Sistema es de 10.80%

Para el porcentaje de líneas de código comentadas se describe en la ecuación 4:

$$PCLOC = (CLOC * 100) / TLOC \qquad (4)$$

Al realizar la sustitución de variables:

$$PCLOC = (425 * 100) / 14527$$

$$PCLOC = \mathbf{2.92 \,\%}$$

El porcentaje de líneas de código comentadas representa un 2.92.

Otra métrica para verificar la calidad del software ocupada es la de complejidad ciclomática, la cual se encarga de medir que tan difícil o sencillo es el proceso de mantenimiento del Sistema SAORU como se describe en la ecuación 5:

$$V(g) = n\text{-}a + 2 \qquad (5)$$

Dónde:

n: numero de casos de uso

a: numero de aristas

Sustituyendo se obtiene:

$$V(g) = 36 - 28 + 2$$

$$V(g) = 10$$

Entonces la complejidad ciclomática del sistema es de 10, indicando que es fácil dar el mantenimiento al Sistema SAORU. Una vez que el sistema SAORU se ha puesto en marcha, se evalúa mediante una encuesta con la finalidad de verificar si acepta o rechaza la hipótesis propuesta. Para ello es necesario evaluar el proceso antes de la implementación y el después, de esta. Para la evaluación del proceso antes de la implementación del Sistema se aplica una encuesta a 10 empleados involucrados. Realizando la prueba de hipótesis es posible verificar que al implementar el sistema SAORU, es un 20 % más eficiente el proceso de registro de los comercios y viviendas del municipio de Tlaxco, Tlaxcala.

Discusión

La propuesta de Pascal, et, al, en el 2016; proporciona un mapa geográfico que representa la distribución comercial e industrial de Urdinarrain, Argentina; mientras que el Sistema informático SAORU permite el registro de viviendas, comercios en una base de datos para llevar un mejor control de bienes e inmuebles de la localidad. Rojas, en el 2016, desarrolla una aplicación móvil para brindar información del transporte público, mientras que SAORU es una aplicación de escritorio la cual maneja una base de datos con registros de asentamientos humanos y comercios. Vázquez, en el 2017; solo optimizar el sistema de nomenclatura vial y domiciliaria actual de Cantón Ibarra, Ecuador, no desarrolla un sistema informático a comparación con la presente investigación donde se diseña y desarrolla un Sistema informático que apoya a la asignación y ordenamiento urbano del Municipio de Tlaxco, Tlaxcala, México. Garay, en el 2018, solo hace una unificación de nomenclaturas domiciliarias, no desarrolla un Sistema informático en comparación con SAORU.

Conclusión

Se ha diseñado, codificado e instalado un sistema informático que apoya en el ordenamiento urbano del Municipio de Tlaxco, Tlaxcala, México. La información generada por el Sistema informático SAORU es relevante y de suma importancia, para la toma de decisiones oportuna, al realizar una gama de actividades de forma eficiente por parte de particulares, empresas públicas y privadas. Al realizar la demostración de la hipótesis se concluye el rechazo de la hipótesis nula, ya que el valor de z es de

2.01, el punto de corte es de 1.83 y cualquier puntaje de z mayor a 1.83 será rechazado y dado que 2.01 es mayor que 1.83, se acepta la hipótesis alterna la cual nos indica que con la implementación del sistema SAORU se logra una eficiencia en almacenamiento, asignación y control del ordenamiento urbano del Municipio de Tlaxco, Tlaxcala en un 20 % en comparación al proceso antes de su implementación.

Referencias

1. Pascal A; Battista A; Herrera N. E. (2016), Geo-codificación de comercios, industrias y profesionales del municipio de Urdinarrain. Dpto. de Informática, Universidad Nacional de San Luis, Dpto. de Sistema. de Información, Univ. Tecnológica Nacional, FRCU, Entre Ríos, Argentina.1-8.

2. Andrés Gustavo Vázquez S. A. G. (2017), Elaboración de un sistema de nomenclatura domiciliaria y vial para el gobierno autónomo descentralizado de Ibarra. Facultad de Ingeniería en Ciencias Agropecuarias y Ambientales. Universidad Técnica del Norte, Ibarra, Ecuador. 1-169.

3. Garay, S. K. S. (2018). Actualización de nomenclatura domiciliaria de la zona urbana del Municipio de Silvania Cundinamarca. Universidad de Cundinamarca. Facultad de Ciencias Agropecuarias Tecnología en Cartografía Fusagasugá.1-54.

4. Gelves P. A. M. (2020). Apoyo en la actualización de la nomenclatura domiciliaria de la ciudad de Tunja. Universidad Santo Tomás. Facultad Ingeniería Civil.1-49.

5. Rojas, H. J. P. (2016). Desarrollo de un prototipo funcional para la aplicación móvil q-bus para la plataforma IOS, que brinde información de las rutas de transporte público en la ciudad de quito utilizando bluetooth low energy, códigos Qr y geo posicionamiento. Universidad Tecnológica Equinoccial.1-98.

CAPÍTULO VII

DISEÑO DE PROTOTIPO DE CARGA

Elías Méndez Zapata, Cruz Norberto Gonzáles Morales, Froylan Pérez Serrano

Resumen

La galga extensiométrica es un sensor, que mide la deformación, presión, carga. Se basa en el efecto piezorresistivo, que es la propiedad que tienen los materiales de cambiar el valor nominal de su resistencia cuando se les somete a esfuerzos mecánicos. El prototipo inicio con el diseño de planos de una base cubica para la galga, contando con seis caras sólidas, siendo cinco de ellas caras planas y una cara con un soporte para sujetar el sensor. Para desarrollar la programación necesaria se utilizó un módulo HX711 y el microcontrolador Admel328A uno, de la plataforma Arduino. El presente documento nos muestra el principio de funcionamiento de este sensor. Con ello se determinó con que precisión se puede realizar un pesaje al llevar a cabo el uso de este prototipo, comparándola con la utilización de otro tipo de básculas comerciales. Posteriormente este proyecto se implementará en una celda didáctica de manufactura en donde se encargará del pesaje de objetos.

Palabras Clave: Galga extensiométrica, sensor, metrología, bascula.

Abstract

The strain gauge is a sensor, which measures deformation, pressure, load. It is based on the piezoresistive effect, which is the property that materials have to change the nominal value of their resistance when subjected to mechanical stresses. The prototype began with the design of plans of a cubic base for the gauge, with six solid faces, five of them being flat faces and one face with a support to hold the sensor. To develop the necessary programming, an HX711 module and the Admel328A one microcontroller from the Arduino platform were used. This document shows us the principle of operation of this sensor. With this, it was determined with what precision a weighing can be carried out when carrying out the use of this prototype, comparing it with the use of other types of commercial scales. Later this project will be implemented in a didactic manufacturing cell where it will be responsible for weighing objects.

Keywords: Strain gauge, sensor, metrology, scale.

Introducción

En la antigüedad aproximadamente en el año 3500 A.C. el comercio era una de las actividades más relevantes, especialmente en todo lo referente al intercambio de los productos. Debido a la evolución del comercio, se creó la balanza.

Este instrumento de medición surgió en Egipto, se conformaba de una columna con un astil atado a una cuerda, en cuyos extremos se sostenían dos bandejas mediante cuerdas. Con el paso del tiempo la civilización Romana cerca del año 200 A.C. creo su propia versión de la balanza, conocida como romana de gancho. (Equipos y Laboratorios de Colombia, 2020.)

En el sigo XVII el científico inglés Robert Hooke estudio ampliamente las deformaciones mecánicas, descubrió la relación entre las fuerzas externas que se aplican en un material y la deformación que estos sufren, recopilando sus estudios en la denominada ley de Hooke. (Álvarez, 2020) Posteriormente Lord Kelvin en 1856, demostró que al aplicar una fuerza sobre un hilo conductor o un semiconductor se presenta una variación en su resistencia eléctrica. Este principio permite medir la fuerza ejercida sobre él a partir de la deformación resultante, tales como fuerzas de compresión, tracción o torsión, aplicadas sobre materiales elásticos. (Alzate Rodriguez, Montes Ocampo, & Silva Ortega, 2007).

Basados en los descubrimientos de Hooke y Kelvin, los ingenieros Edward E. Simmons y Arthur C. Ruge inventaron la galga extensiométrica en 1938. Este sensor se adhiere a los sólidos y hace una lectura directa, la cual se realiza al transmitir la deformación de la superficie del objeto de estudio al cuerpo del sensor. (Ricardo & Sánchez Márquez, 2018).

Respaldado por la investigación anterior se crea el prototipo de una báscula a partir de la necesidad de mejorar la recolección de datos en base al grado de confiabilidad en el peso de los objetos donde se implementa un sistema de medición electrónico apoyado con el sensor. La galga extensiométrica es un sensor, que mide la deformación, presión, carga, etc. Se basa en el efecto Piezo resistivo, que es la propiedad que tienen los materiales de cambiar el valor nominal de su resistencia cuando se les somete a esfuerzos mecánicos y se deforman en dirección de los ejes.

Los estadísticos descriptivos proporcionan un resumen conciso de los datos, en el cual se pueden resumir los datos de forma numérica o gráfica. Los estadísticos inferenciales utilizan una muestra aleatoria de datos obtenidos de una población para describir y hacer inferencias, los cuales son valiosos cuando no es conveniente o posible examinar cada miembro de una población entera.

En este sentido se comprende desarrollar un análisis estadístico de un prototipo de una celda de carga (báscula), Para validar los datos que se obtendrán en nuestra prueba, se emplearan las herramientas de la estadística descriptiva e inferencial: prueba de hipótesis, distribución Z, Chi-cuadrada y desviación estándar.

Por consiguiente, se busca afirmar que el proyecto está funcionando correctamente y si nuestra hipótesis se cumple; la cual es: "si las mediciones que hace nuestra bascula son comparables, idénticas e incluso iguales a una digital".

Metodología

El prototipo de la celda de carga está diseñado para el pesaje de objetos, que va desde 0.5 a 800 gramos, que busca demostrar el 95% de confiabilidad con un margen de error del 0.5% en comparación de los equipos comerciales de medición de masa que dan mediciones con porcentajes erróneos según sea la marca.

A fin de encontrar la exactitud en el pesaje de objetos sólidos en el campo laboral se desarrolló un diseño estructural más práctico y económico para la celda de carga o bascula, utilizando un soporte donde se colocó el sensor que se encarga de hacer la medición de la deformación y los resultados de las mediciones se mostraron en una tabla comparativa.

El principio de funcionamiento de la galga extensiométrica se basa en el efecto piezorresistivo de metales y semiconductores, según el cual, su resistividad varía en función de la deformación a la que están sometidos.

Diseño estructural

Para el diseño de los elementos de la estructura de la galga se utilizó el programa software cad. Es un software de diseño CAD 3D que les permite a los diseñadores croquizar ideas con rapidez y producir modelos y dibujos detallados. Un modelo de software cad consta de geometría en 3D que define sus aristas, caras y superficies.

La descripción de nuestro prototipo inicia con el diseño de la platina receptora de carga, las dimensiones de dicho diseño se tomaron en cuenta con forme al pesaje máximo que soportaría, posteriormente la cara superior consta de un diseño cuadrado, con cortes en cada cuadrante que tienen la función de unir la cara lateral izquierda y derecha de la base, así mismo se le trazaron 2 empalmes que conecta la vista frontal y posterior, además de ello cuenta con un vaciado al centro superior donde sobresaldrán 2 pines de carga sujetados a la galga y a la platina receptora de carga. El diseño de la cara lateral izquierda y lateral derecha es de forma rectangular, cada lado de la cara tiene dos

117

barrenos avellanados, en las superficies de la cara se encuentra centrado el logotipo de la universidad. La Platina espaciadora (cara posterior), se diseñó conforme a la platina receptora ya que se encarga de darle un cierto nivel de altura para que la calibración no varié. Finalmente se describe la platina de base (cara inferior) que la caracteriza por los cortes que presenta en cada cuadrante con la función de unir las caras laterales descritas anteriormente, así mismo se le trazaron 2 empalmes que conecta la vista frontal y posterior, como lo muestra la Figura 39.

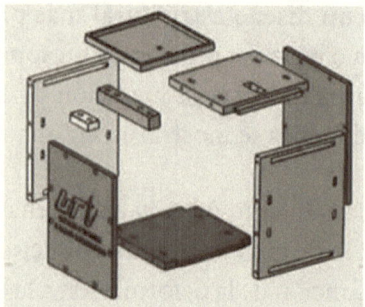

Figura 39. Diseño de celda de carga

Dicho diseño quedo conformado de 100 mm X 100 mm X 120 mm dando una figura cubica rectangular con un espesor de 8 mm, Dicho espesor se tomó en cuenta a la resistencia del material del que se fabricaría para que así soporta un peso máximo de 800 gramos sin sufrir alguna ruptura, a continuación, se muestra en la Figura 40.

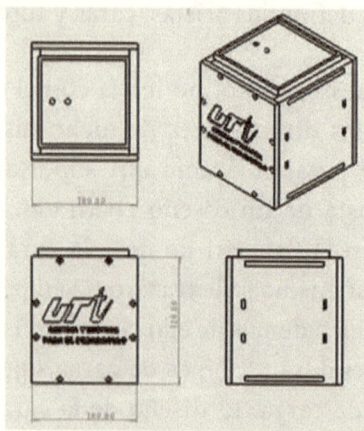

Figura 40. Planos 3D del diseño

Fabricación de la estructura en 3D

Para llevar a cabo la impresión en 3D de cada una de las piezas diseñadas en software CAD se necesitó hacer una prueba de dureza del material (PLA) con el que se fabricó, esto se realizó con ayuda del mismo software, En secuencia a ello se hizo un modelaje de la pieza ensamblada en 3D con una vista isométrica para así poder verificar que nuestro diseño fue elaborado correctamente. Finalmente se sacó una vista explosionada del ensamblaje final para poderlo mandarlo a imprimir en la impresora 3D, cada una de las piezas se elaboró de Ácido poli láctico (PLA) lo cual es un es un polímero biodegradable derivado del ácido láctico. Es un material altamente versátil, que se hace a partir de recursos renovables al 100%, como son el maíz, la remolacha, el trigo y otros productos ricos en almidón. Este ácido tiene muchas características equivalentes e incluso mejores que muchos plásticos derivados del petróleo, lo que hace que sea eficaz para una gran variedad de usos. En cuanto se obtuvo cada una de las piezas diseñadas se comenzó a realizar la unión de cada una de las caras, Dichas caras de la estructura se visualizan en la Figura 41.

Figura 41. Fabricación de piezas

Diseño electrónico.

Para la arquitectura electrónica nos basamos en las datasheet de cada componente, en base a ello se realizaron las conexiones correspondientes para el circuito electrónico, para ello utilizamos; Admel328A, Modulo

Hx711, Push botón, Jumpers hembra/macho y el sensor de carga, dichas conexiones.

Programación.

Se programó con lenguaje C++, debido a su facilidad y versatilidad, se caracteriza por su sencilla interacción con el usuario que permite crear un archivo ejecutable para el controlador.

El programa realizado empezó con la asignación de variables a las entradas y salidas de cada componente posteriormente se estructuraron códigos y combinaciones para mandar la señal de la galga al módulo Hx711 y después al Arduino uno para que este empiece a realizar la tarea de lectura de datos, finalmente el programa se compilo para poder verificar que nuestra programación allá sido ejecutada correctamente y así visualizar los datos en la plataforma y comenzar hacer pruebas.

Calibración

Para calibrar la báscula; dentro del programa se especifica un rango de masa, el cual ayudara a tener control para tomar los datos, con la ayuda de un juego de pesas se calibra la balanza. Las pesas son el equipo de comprobación usado con más frecuencia y más importante para comprobar básculas y balanzas. Esto le ayudará a evitar errores en los pesajes y también a ahorrar costes derivados de tener que repetir los procesos, desechar materiales residuales y retirar productos del mercado.

Métodos de Medición

Los métodos de medición sirven para identificar cómo se recopilarán los datos para medir el progreso del proyecto.

Las pruebas normalmente se realizan para determinar

- la repetitividad de las indicaciones,
- los errores de las indicaciones,
- el efecto en la indicación de la aplicación excéntrica de una carga.

Para el análisis de este proyecto se ocupa en primer lugar la prueba de repetitividad. La cual consiste en la colocación repetitivamente de la misma carga en el receptor de carga, bajo condiciones idénticas de manejo de la carga y del instrumento, y bajo las mismas condiciones de prueba, tanto como sea posible.

Para ello se necesita determinar el tamaño de la muestra esto con el objetivo de alcanzar la mayor representatividad o precisión posible en la estimación de los parámetros poblacionales.

En función de lo planteado anterior mente se emplea la siguiente formula, esta ecuación determina el tamaño de la muestra real según el tipo de población y el parámetro estimado.

$$n = \frac{\frac{z^2 pq}{E^2}}{1 + \frac{1}{N}\left[\frac{z^2 pq}{E^2} - 1\right]}$$

Figura 46. Receptor de carga.

Ahora bien, en este sentido se utiliza de igual manera la prueba de excentricidad, consiste en poner una carga en diferentes posiciones del receptor de carga, de tal manera que el centro de gravedad de la carga ocupe, tanto como sea posible. De este modo para este ensayo, la platina receptora de carga se divide en cuadrantes para así comprobar la distribución del peso, con ello se procura demostrar que en todos los cuadrantes los datos a obtener sean similares o iguales.

Recolección de Muestras

En función de lo planteado se llevó a cabo el muestreo de 100 objetos esto se realizó tanto con el prototipo de celda de carga como con una báscula digital y analógica, el estudio se desarrolló en un laboratorio de las instalaciones de la Universidad Tecnológica de Tlaxcala, donde se mantuvo un ambiente controlado para el experimento, posteriormente se realizó una tabla comparativa en donde se registraron dichos pesajes.

En esta perspectiva con los datos que se obtuvieron a partir de las pruebas, excentricidad y repetitividad, se generan dos gráficas de líneas con el fin de comparar los datos, específicamente para observar si son similares o diferentes unas con otras.

Análisis Estadístico

Para el análisis estadístico se realiza prueba de hipótesis, del mismo modo se corrobora con distribución T de Student, Chi-cuadrada y desviación estándar.

Dentro de este orden de ideas se inició con la prueba de hipótesis en la cual se debe de establecer lo que es una hipótesis nula (H_0) donde es aquella que nos dice que no existen diferencias significativas entre los grupos y una hipótesis alternativa (H_1) que de igual manera es una suposición alternativa a la hipótesis nula formulada en un experimento y/o investigación.

En función de lo planteado la hipótesis nula dice que: las mediciones realizadas por nuestra bascula variara significativamente en comparación a otras mediciones realizadas, ya sean análogas o digitales y por lo tanto la hipótesis alternativa establece que: las mediciones realizadas por nuestra bascula, integrada por una celda de carga son comparables, idénticas e incluso iguales a una digital.

Lo cual se puede traducir como: la hipótesis nula tendrá una efectividad menor al 95%, y por consecuencia a hipótesis alternativa una efectividad mayor igual a 95%.

$$H_0 = \mu < 95\%$$
$$H_1 = \mu \geq 95\%$$

Por consiguiente, se establece un nivel de significancia, el cual se determina a través de la siguiente (Ecuación 2).

$$\alpha = 1 - nivel\ de\ confianza$$

Ecuación -2: Nivel de significancia

En donde el grado de confianza es del 95% que es aquel que se busca obtener.

$$\alpha = 1 - 95\% = 0.05\%$$

Y a su vez se cuenta con un valor critico igual a 1.645.

En segundo lugar, se procede a un cálculo de valor de prueba representado a continuación (Ecuación 3).

$$Z = \frac{X - \mu}{\frac{\sigma}{\sqrt{n}}}$$

$$Z = \frac{172.731475 - 95}{\frac{197.48762447781}{\sqrt{100}}} = 8.75$$

En este sentido se concluye que cualquier puntuación Z superior al valor critico (1.645) será rechazada, o mejor dicho la hipótesis nula se declina y en su lugar entra la hipótesis alternativa.

Cabe considerar por otra parte la prueba de uniformidad que es la propiedad más importante que debe cumplir un conjunto de números aleatorios, y para comprobar su acatamiento se han desarrollado pruebas estadísticas como la prueba Chi-cuadrada.

Esta prueba es una de las más útiles y ampliamente utilizadas en la estadística, para determinar qué tan significativa es la diferencia entre las frecuencias observadas y esperadas de uno o más categorías. La diferencia entre las frecuencias esperadas y observadas, son consideradas como el error muestral. Las frecuencias observadas son calculadas a partir de un conteo de los números que coinciden en un sub intervalo determinado, y las frecuencias esperadas están en función a una distribución de probabilidad teórica.

Procedimiento:

1. Generar la muestra de números aleatorios de tamaño N.
2. Subdividir el intervalo en n sub intervalos.
3. Para cada sub intervalo contar la frecuencia observada F.
4. Calcular el estadístico de prueba (Ecuación 4).

$$X_0^2 = \sum_{i=1}^{m} \frac{(E_i - O_i)^2}{E_i}$$

Ahora bien, se sigue con la elaboración del cálculo de Chi-cuadrada en lo cual se parte de los intervalos, el rango que estos abarcan y a su vez las frecuencias observada y esperada como indican los procedimientos. Para finalizar esta prueba de uniformidad se realizó una sumatoria del último apartado como se puede observar el cual da un total de 192.2, cantidad la cual es mayor a el valor de Chi cuadrada (16.91876), dicho de otra manera, se concluye que los datos analizados se rechazan, debido a que la sumatoria es mayor a la prueba de Chi cuadrada, es decir que no sigue una distribución uniforme. Con ayuda de un software estadístico se realizaron diferentes tipos de análisis para comparar y graficar los datos obtenidos con las basculas: analógica, digital y el prototipo.

Grafica Interacción Entre Cuadrantes

Dentro de este orden de ideas se proyecta el primer análisis (Grafica -3) en la cual se comparan los datos de los cuadrantes, interpretando la gráfica se observa que los datos de cada cuadrante son muy semejantes entre ellos, es decir, no se observa alguna diferencia significativa, deduciendo que colocando la pieza en cualquier lado de la báscula el dato que dará será correcto. Con referencia a los anterior se muestran comparaciones entre estos mismos cuadrantes a través de diversos métodos, todo con el fin de señalar la semejanza que estos mismos arrojan. Este primer análisis se afirma de manera cuantitativa con las siguientes tablas, mismas que el software de estadística nos facilita.

En primer lugar, se observa una Matriz de correlación la cual muestra los valores de correlación de Pearson, estos datos miden el grado de relación lineal entre cada par de elementos o variables. Para lograr interpretar la matriz se ocupa una relación de valores la cual nos indica el tipo de relación que podemos encontrar, inmediatamente se puede observar que todos los cuadrantes tienen una correlación perfecta o, dicho de otro modo, donde sea que se coloque la carga el dato que obtendremos será el correcto.

Prueba de IC para dos varianzas: Datos Digital; Promedio Cuadrantes

Concerniente a otro tipo de pruebas realizadas se buscó el poder determinar si las varianzas o las desviaciones estándar de dos grupos difieren y a través de ello calcular un rango de valores que incluya la relación existente de población de las varianzas o las desviaciones estándar de los dos grupos. En estos resultados anteriormente mostrados se puede observar que, la estimación de la relación de las desviaciones estándar de las poblaciones es 0.997, donde se puede estar 95% seguro de que la relación de las desviaciones esta entre (0,818; 1,216). Lo cual quiere decir si el valor p es menor que o igual al nivel de significancia, la decisión es rechazar la hipótesis nula. Y por lo cual se puede concluir que la relación de las desviaciones estándar o las varianzas de las poblaciones no es igual a la relación hipotética. Los problemas con datos, tales como la asimetría y los valores atípicos, pueden afectar negativamente los resultados. Por lo que se mostrara el análisis realizado a través de gráficas para buscar asimetría (examinando la dispersión de cada muestra) y para identificar posibles valores atípicos. Y esto quiere decir que cuando los datos son asimétricos, la mayoría de los datos se ubican en la parte superior o inferior de la gráfica. Con frecuencia, es fácil detectar la asimetría con un histograma o una gráfica de caja.

PRUEBA T DE 2 MUESTRAS PARA LA MEDIA DE PESO_1 Y PROMEDIO CUADRANTE

Como es evidente se realizaron distintas pruebas, comparaciones y obtención de resultados, así es como no exceptuando este caso se muestran los datos acerca de dos muestras y su comparación de las medias de dos grupos independientes y si estos son diferentes. Como se muestra anteriormente en la gráfica. No existe una diferencia significativa en las medias, es decir que la dispersión de valores de un dato a otro no es de significancia al alterar los resultados.

PRUEBA DE DESV. EST. PARA PESO; PESO_1; PROMEDIO CUADRANTES

Bajo un análisis exhaustivo y múltiples comparaciones a través de la prueba de desviación estándar, concordó a los resultados obtenidos en la comparación de medias, en donde se mostró, que no existen diferencias significativas con respecto a la población que se ha mostrado y que la dispersión de valores en los datos recabados es casi nula, en donde también cabe mencionar un número menor o mínimo de valores los cuales se pueden denotar como atípicos, resultando en picos altos.

Resultados

En este trabajo se llevó acabo él estudió del pesaje de objetos y en reducir el tamaño de las basculas comerciales en una más práctica y pequeña, en donde el índice de confiabilidad de este prototipo es de un 95% de efectividad en comparación de las basculas comerciales, para llevar acabo estos resultados se optó por crear un diseño más económico y practico como se muestra en la Figura 6, elaborado de materiales que no tengan un impacto al medio ambiente y soporte una carga máxima de 800gr.

Para poder obtener un índice de confiabilidad se llevó a cabo el muestreo N=25 con diferentes pesos tanto con la celda de carga como con una báscula digital y analógica, posteriormente se realizó una tabla comparativa en donde se registraron dichos pesajes y así poder determinar qué tan preciso fue el diseño. El prototipo de la celda de carga está diseñado para el pesaje de objetos, que va desde 0.5 a 800 gramos, que busca demostrar el 95% de confiabilidad con un margen de error del 0.5% en comparación de los equipos comerciales de medición de masa que dan mediciones con porcentajes erróneos según sea la marca. A fin de encontrar la exactitud en el pesaje de objetos sólidos en el campo laboral se desarrolló un análisis de datos para la celda de carga o bascula, utilizando las herramientas de la estadística descriptiva e inferencial; prueba de hipótesis, distribución t student, Chi-cuadrada y desviación estándar.

Conclusiones

En relación al análisis expuesto se puede concluir que la hipótesis nula la cual dice que las mediciones realizadas por nuestra bascula variara significativamente en comparación a otras mediciones realizadas, ya sean análogas o digitales ha sido rechazada debido a las pruebas realizadas de prueba de hipótesis y prueba de uniformidad contemplando dispersión de datos y resultados que estas arrojan por lo cual la hipótesis alternativa establece que: las mediciones realizadas por nuestra bascula, integrada por una celda de carga son comparables, idénticas e incluso iguales a una digital ha sido acepada dando por entendido o resumiendo que el prototipo de bascula a alcanzado el objetivo planteado teniendo una eficacia del 95 % y por consecuente arrojando un margen de error del 5% o menos.

Finalmente señalando que el prototipo es apto para poder implementarse en una celda didáctica de manufactura que ayudara a dar un pesaje más exacto en un proceso de producción.

Referencias

Álvarez, L. G. (2020). "Montaje y calibración de un sistema de galgas extensiométricas para la medición de deformaciones en estructuras metálicas". ALMERIA: UNIVERSIDAD DE ALMERIA, ESCUELA SUPERIOR DE INGENIERÍA.

Alzate Rodriguez, E. J., Montes Ocampo, J. W., & Silva Ortega, C. A. (2007). MEDIDORES DE DEFORMACION POR RESISTENCIA: GALGAS EXTENSIOMÉTRICAS. *Scientia et Technica*, 7.

Equipos y Laboratotio de Colombia. (s.f.). Recuperado el 02 de octubre de 2021, de Equipos y Laboratorio de Colombia: https://www.equiposylaboratorio. com/portal/articulo-ampliado/historia-de-la-balanza

Ricardo, V. R., & Sánchez Márquez, J. A. (2018). DESARROLLO DE UNA BALANZA ELECTRÓNICA A BASE DE UN SENSOR DE PRESIÓN RESISTIVO Y/O UN SENSOR DE PESO ACOPLADO A UN MICROCONTROLADOR

ARDUINO. Jóvenes en la Ciencia, 2992.

CAPÍTULO VIII

SISTEMA INTELIGENTE PARA EL CONTROL A DISTANCIA Y EN TIEMPO REAL DEL ESTACIONAMIENTO "LA CASA DE PIEDRA"

Rafael López Arroyo, Noemí González León, Ninfa Esperanza González Rodríguez

Resumen

En el presente documento se presenta el desarrollo de un Sistema inteligente para el control a distancia y en tiempo real del estacionamiento "La casa de piedra". La metodología ocupada es por prototipos, para la elaboración de dicha investigación es implementado un lector de tarjetas de identificación por radiofrecuencia el cual es controlado desde un equipo de cómputo portátil o laptop, al implementar el Sistema se logra una adecuada gestión del negocio en sus procesos internos, alcanzando los objetivos propuestos y beneficiando a 2500 usuarios durante un mes. El estudio se realiza en el Instituto Tecnológico Superior de la Sierra Norte de Puebla, México.

Palabras clave Sistema, inteligente, estacionamiento, control.

Abstract This document presents the development of an intelligent system for remote and real-time control of the "La casa de piedra" parking lot. The methodology used is by prototypes, for the elaboration of said investigation a radio frequency identification card reader is implemented which is controlled from a portable computer equipment or laptop, when implementing the System an adequate business management in its internal processes, reaching the proposed objectives and benefiting 2,500 users during one month. The study is carried out at the Higher Technological Institute of the Sierra Norte de Puebla, Mexico.

Keywords System, smart, parking, control.

Introducción

El estacionamiento "La casa de piedra" tiene una afluencia cercana a 450 clientes semanalmente lo que genera un gran problema para la operación ágil de dicha empresa ya que se ve limitada pues sus operaciones se llevan de forma manual para la entrega de tickets a los clientes, este procedimiento crea conflictos al momento del cobro correspondiente, pues se llegan a traspapelar los recibos, no existe un control en la administración de los espacios disponibles, el estacionamiento no cuenta con sensores que detecten cuando se encuentra ocupado un cajón por el vehículo, no existe una base de datos para crear reportes de ingresos y egresos para la contabilidad diaria de la organización siendo necesario el estado de resultados de la pequeña empresa para la mejor toma de decisiones por parte del gerente general.

El objetivo del presente estudio es desarrollar e implementar un sistema inteligente para el control del estacionamiento "La casa de piedra", para el control a distancia y en tiempo real. La empresa sabe sobre la necesidad de contar con un sistema de información que logre solucionar su estado actual de operación y que le conduzca una mayor fluidez en sus actividades diarias sobre el giro del negocio.

Entonces es posible que con la implementación del sistema inteligente para la empresa estacionamiento "La Casa de Piedra", mejorar los procesos de gestión: entrada y salida de vehículos, cobro a clientes, generación de tickets, almacenamiento de información en una base de datos e impresión y consulta de movimientos ya que con esta propuesta se ven beneficiados 2500 usuarios al mes.

Se estudia a (Graebener et al., 2021); porque propone una arquitectura modular automatizada de un valet parking, logra reducir la complejidad del proceso de diseño y verificación al simplificar tareas. A (Chen et al., 2021); porque presenta una herramienta basada en web que proporciona un manejo del proceso de etiquetado más eficiente mejorando la recopilación de datos, confiabilidad de respuestas y adjuntando una calificación de confianza. (Arun Prasath & Ahmed, 2021); presenta un sistema de información en tiempo real, visualizando el número de cajones libres para ocupar en un estacionamiento, su propuesta cuenta con sistema de alerta, servicio de mensajería GSM y reconocimiento de imagen, la desventaja principal es que no todos los usuarios están ocupando un dispositivo que reciba este tipo de mensajería, la metodología que usa para el desarrollo del sistema es por prototipos. Se consulta a (Babushkina et al., 2021); por el modelo matemático que propone para solucionar el diseño para estacionamiento considerado la solución óptima en la región de proporciones admisibles obteniéndose dos tipos de espacios de estacionamiento requeridos por los documentos reglamentarios uno de tipo estándar, con dimensiones de 5,3 x 2,5 metros y otro de tipo 2, para personas con movilidad limitada con dimensiones de 6,0 x 3,6 metros. Se estudia a (Hu et al., 2021); porque implementa una metodología de prototipos, la ventaja de su propuesta es la de ser un sistema rápido y de bajo costo para su implementación, las desventajas es que requiere de operar un dron, lo que conlleva la necesidad de tener un usuario parara realizar esta actividad. (Yao et al., 2021); implementa una web ocupando computo en la nube, utiliza MVC Spring para el desarrollo de su propuesta, la ventaja principal es el acceso a la plataforma de manera remota, su inconveniente es requerir conexión a internet para su operación, ocupa java para la codificación del sistema.

(Sadreddini et al., 2021); proponen un sistema para reservación de espacios en un estacionamiento, su ventaja es la pronta asignación de espacios disponibles en el establecimiento e implementan de tecnología de radiofrecuencia. Se consulta a (Santoso & Sari, 2021); quienes desarrollan un sistema de monitoreo ocupando tecnología de radiofrecuencia; ocupa la metodología de prototipo, las ventajas principales es evitar las filas que se generan a través de implementación de sistemas RFID y sensores inalámbricos.

Metodología

La metodología ocupada es por prototipos, bajo las siguientes fases: investigación preliminar, análisis y evaluación, diseño y construcción, evaluación, modificación, programación, prueba y Operación. El software ocupado para el desarrollo del sistema inteligente es *java, MySql, phpMyAdmin,* para el firmware es ocupado *java processing wiring,* para el diagrama de conexión *fritzing*

El Diseño y construcción del Sistema inteligente para el control del estacionamiento "La casa de Piedra", se puede observar en la figura 42, la cual permite visualizar la interacción de los diferentes componentes del Sistema inteligente La casa de piedra, para el control a distancia, remota y en tiempo real.

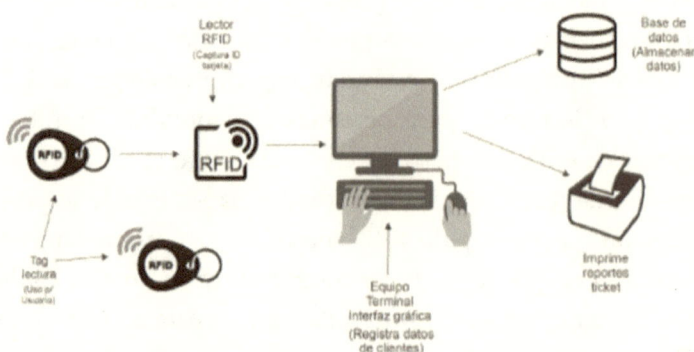

Figura 42. Diagrama del sistema "La Casa de piedra"

Posteriormente se procede a realizar el diagrama de conexión de los dispositivos electrónicos para su manipulación desde el Sistema inteligente "La casa de piedra", como se muestra en la figura 43, elaborado en *fritzing.*

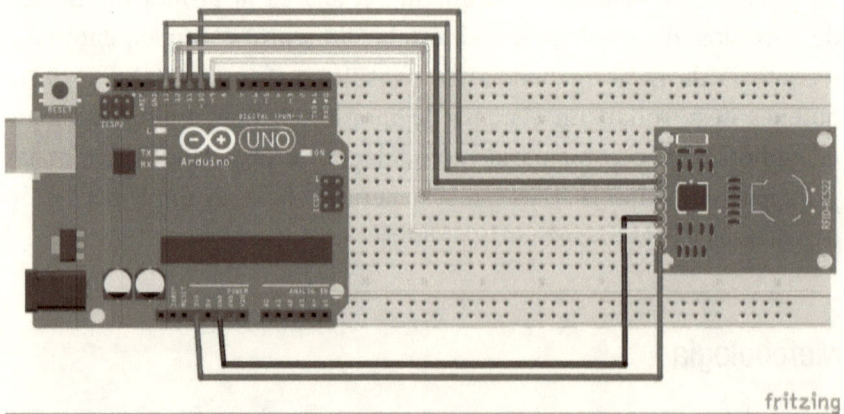

Figura 43. Diagrama de conexión para el control a distancia y en tiempo real

132

A continuación, se elabora el diseño general para el funcionamiento del Sistema inteligente "La casa de piedra", obsérvese en la figura 44, el diagrama general del Sistema donde los usuarios y súper usuarios operan las diferentes funcionalidades del Sistema.

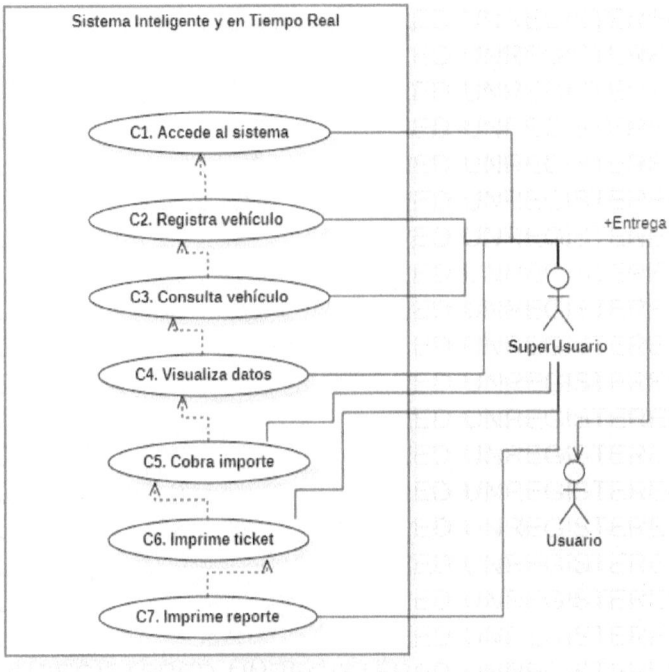

Figura 44. Diagrama general para el control a distancia

Para la programación del firmware se ocupa el entorno de desarrollo de Java Proceccing Wiring, en la figura 45 se muestra la codificación para el control electrónico.

Control_de_Acceso_RFID Arduino 1.8.16

Archivo Editar Programa Herramientas Ayuda

Control_de_Acceso_RFID

```
#define Ptrig 4
#define SS_PIN 10
#define RST_PIN 9
Servo servomotor;
long duracion, distancia;
int pos=0;
MFRC522 nfc(SS_PIN, RST_PIN);
int ledVerde=7;
int ledRojo=8;

void setup() {

  servomotor.attach(3);
  Serial.begin(9600); //Iniciamos La comunicacion serial
  SPI.begin();          //Iniciamos el Bus SPI
  nfc.PCD_Init(); // Iniciamos el MFRC522
  pinMode(Pecho, INPUT);     // define el pin 5 como entrada (echo)
  pinMode(Ptrig, OUTPUT);    // define el pin 4 como salida  (triger)
  pinMode(ledVerde,OUTPUT);
  pinMode(ledRojo,OUTPUT);
  Serial.println("Acerque su tarjeta: \n");
}

byte ActualUID[4];
byte Usuario1[4] = {0xE2, 0xD8, 0xB9, 0x11}; //CLAVE DE LA TAJETA
byte Usuario2[6] = {0xBD, 0x75, 0xBA, 0x79}; // CLAVE DEL LLAVERO


void loop() {
```

```
if ( nfc.PICC_IsNewCardPresent()){   // Revisamos si hay nuevas tarjetas  presentes.
        if ( nfc.PICC_ReadCardSerial()) //Leemos la tarjeta presente.           {
          for (byte i=0; i<nfc.uid.size; i++)                         {
          ActualUID[i]=nfc.uid.uidByte[i];   //Almacenamos en un array cada valor de la tarjeta          }
          if(compareArray(ActualUID,Usuario1))
          {
            Serial.println("Acceso concedido");
            digitalWrite(ledVerde,HIGH);
            delay(1000);
            for (pos=90; pos<=180; pos+=1)
            {
              servomotor.write(pos);
              delay(30);
            }
            delay(7000);|
  for(;;)
  {
    digitalWrite(Ptrig, LOW);
     delayMicroseconds(2);
      digitalWrite(Ptrig, HIGH);    // genera el pulso de triger por 10ms
     delayMicroseconds(10);
     digitalWrite(Ptrig, LOW);

     duracion = pulseIn(Pecho, HIGH);
     distancia = (duracion/2) / 29;
```

```
    duracion = pulseIn(Pecho, HIGH);
    distancia = (duracion/2) / 29;
    if(distancia<=150) //18 o la medida que deseemos
    {
        servomotor.write(180);
        delay(100);
    }
    else
    {
      delay(2000);
        for (pos=180; pos>=90; pos-=1)
                {
                    servomotor.write(pos);
                    delay(30);
                }
        break;
    }
                }

                digitalWrite(ledVerde,LOW);
                delay(15);
                }
                else if(compareArray(ActualUID,Usuario2))
                {
                  Serial.println("Acceso denegado");
                  digitalWrite(ledRojo,HIGH);
                  delay(2500);
                  digitalWrite(ledRojo,LOW);
```

Figura 45. Proceccing Wiring

135

Para la codificación del Sistema inteligente es utilizado Java, MySql y phpMyAdmin, en la figura 46 se muestran las librerías ocupadas, en la figura 47 se observa la clase conexión.

```
package app;



import java.awt.HeadlessException;
import java.io.IOException;
import java.util.Calendar;
import java.sql.Connection;
import java.sql.DriverManager;
import java.sql.PreparedStatement;
import java.sql.ResultSet;
import java.sql.SQLException;
import java.text.SimpleDateFormat;

import java.util.Date;
import java.util.GregorianCalendar;
import java.util.concurrent.TimeUnit;
import java.util.logging.Level;
import java.util.logging.Logger;
import javax.swing.JOptionPane;
import javax.swing.JTextField;



public class Cliente extends javax.swing.JFrame {

    PreparedStatement ps;
    ResultSet rs;
```

Figura 46. Librerías del Sistema Inteligente

```
PreparedStatement ps;
ResultSet rs;

public static Connection getConnection(){
    Connection con = null;

    try {
        Class.forName("com.mysql.cj.jdbc.Driver");
        con = (Connection) DriverManager.getConnection("jdbc:mysql://"
            + "localhost:3306/estacionamiento?zeroDateTimeBehavior="
            + "CONVERT_TO_NULL", "root", "");
    } catch (ClassNotFoundException | SQLException e) {
        System.out.println(e);
    }
    return con;
}
```

Figura 47. Clase conexión del Sistema Inteligente

El sistema cuenta con un método para limpiar las cajas este se observa en la figura 48, y en la figura 49 se muestra la codificación del botón para guardar los datos en el sistema.

```
private void limpiarCajas(){

    txtEstado.setText(null);
    txtPlaca.setText(null);
    txtTelefono.setText(null);
    txtTarjetaEntrada.setText(null);
    txtTiempo.setText(null);
    txtTotal.setText(null);
    txtCuota.setText(null);

}
```

Figura 48. Método limpiar cajas del sistema

```
private void btnGuardarActionPerformed(java.awt.event.ActionEvent evt) {

    Connection con = null;
    try {
        con = getConection();
        ps = con.prepareStatement("SELECT * FROM cliente where id_tarjeta = ?");
        ps.setInt(1, Integer.parseInt(txtTarjetaEntrada.getText()));
        ResultSet rs = ps.executeQuery();
        if (rs.next()) {
            txtPlaca.setText(rs.getString("Placa"));
            txtTelefono.setText(rs.getString("Telefono"));
        } else {
            JOptionPane.showMessageDialog(null, "Registro no encontrado");
            ps = con.prepareStatement("INSERT INTO cliente (id_tarjeta, placa, fecha_ent, cuota, telefono) VALUES(?,?,?,?,?)");
            ps.setInt(1, Integer.parseInt(txtTarjetaEntrada.getText()));
            ps.setString(2, txtPlaca.getText());
            ps.setString(3, ((JTextField)txtFechaEntrada.getDateEditor().getUiComponent()).getText());
            ps.setString(4, txtCuota.getText());
            ps.setString(5, txtTelefono.getText());
            int res = ps.executeUpdate();
            if(res > 0){
                JOptionPane.showMessageDialog(null, "Datos guardados");
                limpiarCajas();
            }else{
                JOptionPane.showMessageDialog(null, "Error al guardar datos");
                limpiarCajas();
            }
        }
    }
}
```

Figura 49. Código del botón para guardar

Se codifica el botón para actualizar y calcular el importe por el tiempo de estacionamiento como se ilustra en la figura 50.

```
private void jButton2ActionPerformed(java.awt.event.ActionEvent evt) {
    if(java.awt.Desktop.isDesktopSupported()){
        java.awt.Desktop desktop = java.awt.Desktop.getDesktop();

        if(desktop.isSupported(java.awt.Desktop.Action.BROWSE)){
            try {
                java.net.URI url = new java.net.URI("http://localhost:8080/tabla/");
                desktop.browse(url);
            } catch (Exception e) {
            }
        }

    }
}
```

Figura 50. Botón para visualizar los datos del sistema

Resultados

Se ha desarrollado un sistema que permite registrar, almacenar, el ingreso al estacionamiento La casa de piedra, la entrada de un vehículo, calcula el importe por el tiempo ocupado, imprime el tiket con el importe, genera un reporte diario, semanal y mensual; la interfaz principal se muestra en la figura 51.

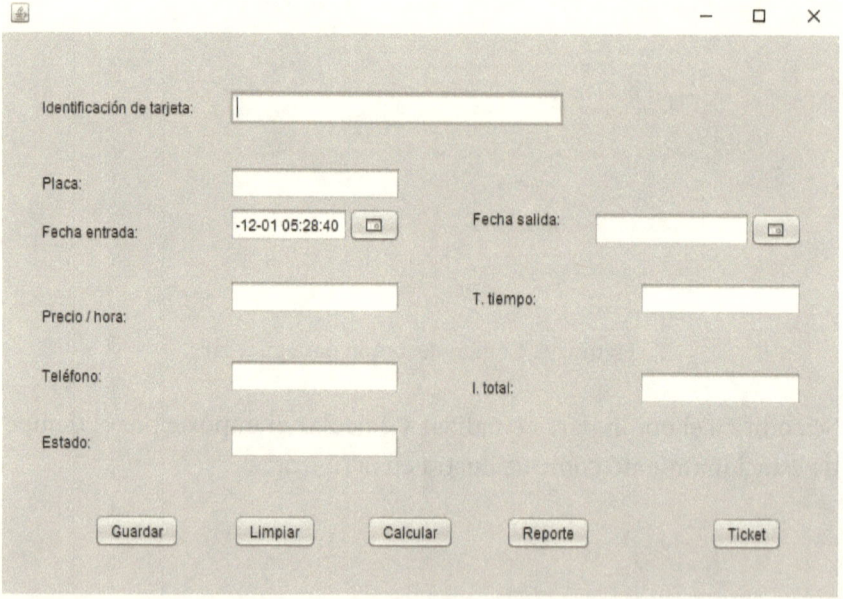

Figura 51. Interfaz principal del sistema

El Sistema inteligente La casa de piedra, permite realizar consultas de las operaciones realizadas en el estacionamiento como se observa en la figura 52.

Consulta de datos

Dentro de esta ventana podrá visualizar los datos generados.

Print

Search:

Folio	Id. Tarjeta	Placa	Fecha entrada	Fecha salida	Precio / Hora	Total	Teléfono	Estado
16	6625210	1234567890	2021-11-17 04:47:14	2021-11-17 15:18:50	10	52	797017246	3
17	1234567890	1234567890	2021-11-17 15:15:20	2021-11-24 12:03:54	10	10	7971017246	1
18	1235454645	2542212	2021-11-17 15:27:23	2021-11-17 15:30:20	80	5	78787987	3
19	1234567890	1234567890	2021-11-17 20:46:48		10		7971017246	
20	111111111	222222222	2021-11-17 21:17:36		15		7979755454	
21	1234567890	1234567890	2021-11-24 12:01:28		10		7971017246	
22	1111111111	2222222222	2021-11-24 12:18:58	2021-11-24 10:50:25	15	25	797107246	1

Figura 52. Consulta a la base de datos del sistema

Con la implementación del Sistema inteligente La casa de piedra, se ha logrado una mayor agilidad en la generación e impresión de tickets para los clientes, hoy se cuenta en tiempo y forma con la información almacenada correctamente dentro de una base de datos digital, el sistema nos permite realizar consultas dinámicas con los datos generados, así como conocer los ingresos en tiempo real de la empresa.

Para el presente estudio se realizó una batería de 11 preguntas a 25 individuos referente a la operación del estacionamiento de forma manual y posteriormente se aplica la batería de preguntas después de la implementación de la aplicación Sistema inteligente La casa de piedra. Con estos datos se procede a realiza los calculos para hacer la prueba de hipotesis, en la figura 53 se observa la distribución de las medias y en la figura 54 se muestra el estadístico de prueba resultante de la hipótesis planteada.

Media de Hipotesis nula (H_0): 7,4
Promedio de la muestra $\bar{x}$: 9,7
Desviación estandar: 0,47

Tamaño de la muestra: 25 encuestados

Nivel de significancia: 5%

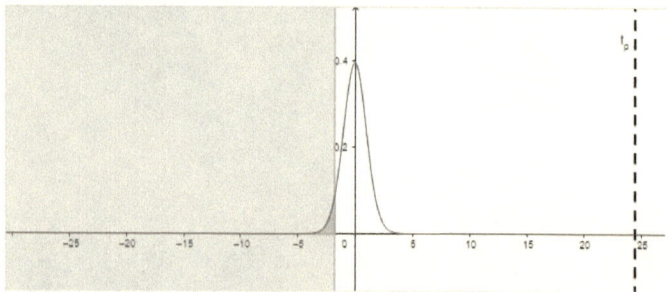

Figura 53. Distribución de las medidas del sistema inteligente

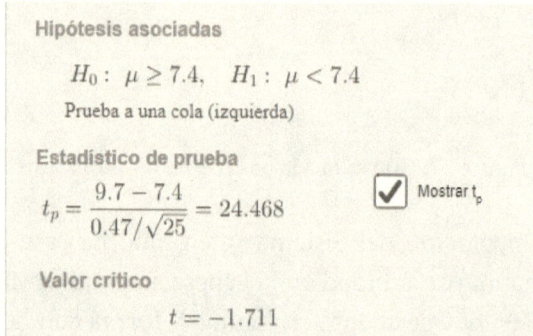

Figura 54. Estadístico de prueba de hipótesis del sistema

Discusión

La propuesta de (Graebener et al., 2021); implementa un valet parking para que los usuarios puedan llegar a los espacios de estacionamiento de manera más rápida, a diferencia del estacionamiento La casa de piedra, no es viable el colocar un sistema de valet parking, ya que el espacio con el que cuenta no lo necesita. El modelo matemático presentado por (Arun Prasath & Ahmed, 2021), es para un área de estacionamiento octagonal, no es posible replicarlo en La casa de piedra, pues el área no cuenta con esta forma. El modelo matemático de (Babushkina et al., 2021), se aplica para el diseño y planeación de un estacionamiento, el cual no puede ser aplicado en La casa de piedra, pues en este momento no se pretende realizar alguna remodelación de este. La propuesta de (Hu et al., 2021), ocupa como una herramienta de monitoreo del estacionamiento un dron y en el Sistema inteligente La casa de piedra no es necesario ya que se busca realizar los trabajos de manera más simplificada. El Sistema (Liu & Zhu, 2021) opera a través de una administración en la nube, mientras que el Sistema inteligente La casa de piedra, la administración solicito que no sea necesaria la conexión a internet con el fin de no depender de esta misma para la operación del sistema.

Conclusión

Se Rechaza la hipótesis nula y aceptamos la hipótesis alternativa. La puntuación z de 2,45 se encuentra dentro del área de rechazo. Los 2 puntos de corte son 2,064 y -2,064. Como el puntaje z, 2,45, está fuera de este intervalo, rechazamos la hipótesis nula, porque la puntuación z está fuera de su rango. Aceptamos la hipótesis alternativa, por lo tanto, se ha desarrollado un sistema inteligente para el control a distancia y en tiempo real del estacionamiento "La casa de piedra", el sistema cuenta con las siguientes características: un lector de tarjetas de identificación por radiofrecuencia, controlado desde un equipo de cómputo portátil, logrando una adecuada gestión del negocio en sus procesos internos, ya que permite registrar, almacenar, el ingreso al estacionamiento, la entrada de un vehículo, calcula el importe por el tiempo ocupado, imprime el tiket con el importe, genera un reporte diario, semanal y mensual; beneficiando a la administración y a usuarios que requieren de este servicio al brindarles una atención eficiente y más rápida.

Referencias

1. Arun Prasath, G. M., & Ahmed, S. S. (2021). Optimization of regular octagon-shaped parking space. *Journal of Information and Optimization Sciences*, *42*(6), 1295–1306. https://doi.org/10.1080/02522667.2020.1866301

2. Babushkina, A., Petrochenko, M., Kukina, A., & Astafieva, N. (2021). Optimizing parking lot design by Generative design approach. *E3S Web of Conferences*, *263*, 1–10. https://doi.org/10.1051/e3sconf/202126304042

3. Chen, N., Nazar, N., & Chong, C. Y. (2021). *CodeLabeller: A Web-based Code Annotation Tool for Java Design Patterns and Summaries.* http://arxiv.org/abs/2106.07513

4. Graebener, J., Phan-Minh, T., Yan, J., Zhao, Q., & Murray, R. M. (2021). *Failure-Tolerant Contract-Based Design of an Automated Valet Parking System using a Directive-Response Architecture.* http://arxiv.org/abs/2103.12919

5. Hu, F. Y., Wang, B. R., & Zhang, H. X. (2021). Design and Module Simulation of a Smart Parking System Based on QR Code and Drone Monitoring for Open-Space Temporary Parking Lots. *2021 IEEE International Conference on Consumer Electronics and Computer Engineering, ICCECE 2021, Iccece,* 616–620. https://doi.org/10.1109/ICCECE51280.2021.9342550

6. Sadreddini, Z., Guner, S., & Erdinc, O. (2021). Design of a Decision-Based Multicriteria Reservation System for the EV Parking Lot. *IEEE Transactions on Transportation Electrification,* 7(4), 2429–2438. https://doi.org/10.1109/TTE.2021.3067953

7. Santoso, B., & Sari, M. W. (2021). Developing parking queue monitoring system using Wireless Sensor Network and RFID technology. *Journal of Physics: Conference Series,* 1823(1). https://doi.org/10.1088/1742-6596/1823/1/012056

8. Yao, R., Yang, J., & Liu, M. (2021). Cloud Intelligent Parking Management System Based on Internet of Things Technology. *Journal of Physics: Conference Series,* 1865(4). https://doi.org/10.1088/1742-6596/1865/4/042025

CAPÍTULO IX

UNA MIRADA CONCEPTUAL SOBRE LA CADENA PRODUCTIVA
AUTOMOTRIZ

Pablo Sánchez López, José Víctor Galaviz Rodríguez, Alejandra
George Espinoza, Juan Luis Parra Flores.

Resumen

Este artículo presenta una revisión de literatura internacional sobre el origen y la evolución del concepto de cadena productiva, a partir de las teorías tempranas del desarrollo económico y la planeación estratégica. Igualmente, se presenta una conceptualización sobre el concepto de cadena productiva, Cadena productiva de la industria automotriz mexicana, y la metodología a emplear. El ensayo concluye con algunas recomendaciones.

Palabras clave: Cadenas productivas, desarrollo económico.

Abstract

Key words:

Introducción

La generación y consolidación de ventajas competitivas al interior de la empresa guarda una estrecha relación con las condiciones de su entorno. Tales condiciones resultan importantes no sólo para la generación de valor en el nivel individual de la firma, sino también inciden en los procesos de generación de riqueza de sociedades enteras. El concepto de cadena productiva ofrece un marco conceptual útil para comprender la articulación de diferentes unidades empresariales de cara al proceso de generación de valor y el papel que cumple cada una de las empresas que intervienen en el mismo. Igualmente, la cadena productiva, como concepto innovador, provee elementos importantes en el diseño de políticas de apoyo empresarial que favorecen la generación de riqueza a través de la consolidación de ventajas competitivas.

Este documento tiene como propósito presentar una revisión de literatura nacional e internacional sobre el origen y la evolución del concepto de cadena productiva y su estudio empírico en México. Para ello, la discusión que sigue a continuación está dividida en seis partes, incluida esta introducción. La segunda parte elabora algunas definiciones y conceptos fundamentales sobre el tema de cadenas productivas. La tercera explica el origen teórico del concepto y sus relaciones con la competitividad y el desarrollo económico. La cuarta presenta una revisión de literatura internacional sobre el tema. La quinta muestra los principales estudios existentes sobre cadenas productivas en México, sus metodologías y los sectores estudiados. La sexta presenta un resumen de hallazgos y algunas consideraciones para futura investigación.

Breve excursos teóricos, sobre las cadenas productivas

Según Isaza (2008) el origen teórico de la cadena productiva proviene de los encadenamientos eslabones planteados por Hirschman en 1958; representados por las decisiones de inversión y cooperación orientadas a fortalecer la producción de materias primas y bienes de capital para la elaboración de un producto final.

Para Hirschman[1], los encadenamientos constituyen una secuencia de decisiones de inversión que tienen lugar durante los procesos de industrialización que caracterizan el desarrollo económico. Tales decisiones tienen la capacidad de movilizar recursos subutilizados que redundan en efectos incrementales sobre la eficiencia y la acumulación de riqueza de los países. La clave de tales encadenamientos, que hacen posible el proceso de industrialización y desarrollo económico, reside fundamentalmente en la capacidad empresarial para articular acuerdos

---

[1]   7 Hirschman. Ob. cit., p. 98.

contractuales o contratos de cooperación que facilitan y hacen más eficientes los procesos productivos[2].

Según Hirschman[3], los encadenamientos hacia atrás están representados por las decisiones de inversión y cooperación orientadas a fortalecer la producción de materias primas y bienes de capital necesarios para la elaboración de productos terminados. Entretanto, los encadenamientos hacia adelante surgen de la necesidad de los empresarios por promover la creación y diversificación de nuevos mercados para la comercialización de los productos existentes10. Como se menciona al inicio de la sección 2 (supra), las cadenas productivas tienen su origen conceptual en la escuela de la planeación estratégica.

Concretamente, Porter[4] planteó el concepto de "cadena de valor" para describir el conjunto de actividades que se llevan a cabo al competir en un sector y que se pueden agrupar en dos categorías: en primer lugar están aquellas relacionadas con la producción, comercialización, entrega y servicio de posventa; en segundo lugar se ubicarían las actividades que proporcionan recursos humanos y tecnológicos, insumos e infraestructura. Según este autor, "cada actividad (de la empresa) emplea insumos comprados, recursos humanos, alguna combinación de tecnologías y se aprovecha de la infraestructura de la empresa como la dirección general y financiera"[5].

Las cadenas productivas se restructuraron productiva del capitalismo obedeció fundamentalmente a su necesidad de adaptarse ante el desencadenamiento de sus propias contradicciones. Los cambios

---

[2]   8 Albert Hirschman. "Backward and Forward Linkages". John Eatwell, Murray Milgate y Peter Newman (eds.). The New Palgrave: A Dictionary of Economics, Nueva York, Palgrave Publishers, 1998, p. 206.

[3]   9 Ibíd. 10 Ibíd. 11 Véase Porter (1985, ob. cit.) y Michael Porter. La ventaja competitiva de las naciones, Javier Vergara (ed.), Buenos Aires, 1990. 12 Porter, 1990 (Ob. cit.), pp. 72 y 73. 13 Ibíd., p. 74

[4]   11 Véase Porter (1985, ob. cit.) y Michael Porter. La ventaja competitiva de las naciones, Javier Vergara (ed.), Buenos Aires, 1990.

[5]   12 Porter, 1990 (Ob. cit.), pp. 72 y 73.

de las necesidades del capital generaron inflación y caída en las condiciones generales de los asalariados al disminuir el salario real por efecto del incremento de los precios y sus prestaciones salariales como requerimiento para incrementar la tasa de ganancia. Esto significó para la economía norteamericana y en Europa, el deterioro de la competitividad, obligando a abandonar el tipo de cambio fijo, y a adoptar tipos de cambio fluctuantes, medida que afectó a la producción en serie por sus compromisos de producción a largo plazo.

Weber tiene especial preocupación por encontrar la localización optima de una empresa abstracta, aislada del resto de la economía, sin recibir influencias de ella; de igual forma considera que el empresario buscará la mejor localización que le permita minimizar los costos totales, en particular los de transporte. Para ello asume varios supuestos: rendimientos constantes a escala; disponibilidad de insumos para la producción en forma ilimitada; de igual forma indicó que los insumos están localizados en pocas fuentes. Por el lado de la demanda, esta se mantiene fija y en cada lugar, y los costos de transporte, para cada bien, son directamente proporcionales a su peso y a la distancia que transportan. También consideró las ventajas que da la aglomeración de empresas. Al igual que Vonünen, Weber destaca la influencia de la distancia como determinante del coste de transporte en el proceso productivo, y por consiguiente en la localización (Salguero, 2006:8). Sin embargo, esta se puede modificar a partir de los requerimientos de mano de obra, en particular el costo de ésta, y la cercanía entre las fabricas (aglomeración). Cuando el ahorro en el coste de la mano de obra [y el de la tendencia a la aglomeración] sea mayor al coste de transporte, entonces las empresas buscarían ubicarse en estos sitios (Duch, 2005:13).

Estos factores weberianos de la localización industrial, son los antecedentes más preciados sobre los que se desenvolvió una de las formas productivas más representativas del capitalismo, como lo fue el fordismo[2]. Así la industrialización de los países considerados más avanzados y los llamados de menor desarrollo alojaron a empresas industriales durante el siglo XX, pero sólo en aquéllos lugares que garantizaran bajos costos de mano de obra, materias primas y menores costos de transporte, factores que, junto a elementos naturales, técnicos, sociales y culturales garantizaron el incremento de ganancia.

De acuerdo con Kuri (2003) las principales características de las cadenas productivas en el modelo fordista muestran una forma de organización industrial de carácter vertical, donde las decisiones y soluciones en la producción e innovación se determinan desde la punta de la empresa; con un esquema de producción en serie, estandarizada y homogénea para atender un mercado de masas, mediante el uso de maquinaria especializada diseñada para cumplir compromisos de producción de largo plazo; operada por personal no necesariamente calificado en una misma línea de montaje, concentrando todo el proceso en una planta con el propósito de lograr economías de escala[6].

La inflación y la incertidumbre restringieron la actividad industrial, agravándose la situación económica en el mundo al conjugarse, con elevados tipos de cambio; lo anterior afectó de manera severa al modelo de la producción en serie que fue cediendo su espacio a la producción flexible (Piore y Sabel, 1990: 82-89). Piore y Sabel enlazan su enfoque teórico alrededor de una cadena de sucesos históricos de carácter macroeconómico en los Estados Unidos y Europa, que vulneraron la estabilidad sobre la que descansaban las empresas industriales en el sistema fordista, forzando la restructuración productiva y el camino a la transición.

Esta metamorfosis de las cadenas productivas, no puede dejar de explicarse en el marco de una óptica más crítica, que desnuda las

---

[6]   Después de la Segunda Guerra Mundial los países industriales crecieron rápidamente, pero desde finales de los años sesenta, el mundo industrial entró en un periodo de dificultades, las perturbaciones económicas se convirtieron en una crisis general del sistema industrial (Piore y Sabel, 1990). La década de los setenta del siglo XX marcaron la eclosión de la crisis fordista, cuando las dificultades económicas y sociales causaron estragos e incertidumbre en la producción en serie por sus características de inversión y compromisos de largo plazo, y por los costos de funcionamiento de sus equipos. La producción masiva fue cediendo entonces, su lugar a otro tipo de producción denominado posfordista que incorporó tecnología más flexible, que se adaptaba a la diversidad y a las nuevas necesidades del mercado.

contradicciones del sistema capitalista. Así, de inicio David Harvey, geógrafo anglosajón marxista, establece que "asistimos a una transición histórica que aún no ha terminado y que, en todo caso, como el fordismo, está destinada a ser parcial en ciertos aspectos importantes" (Harvey, 1998:197). Harvey es uno de los principales teóricos críticos que ha analizado la crisis del sistema fordista de producción y su transición al sistema flexible; desarrolló su tesis mediante la revisión de las contradicciones del capitalismo y su tendencia a la crisis, en donde se registran ciclos de lo que denomina hiperacumulación. Desde luego, su afirmación de una transición inacabada y de un sistema no extinto, son parte de esa realidad contradictoria que busca explicar.

En Estados Unidos, el economista Walter Isard (1970) estableció un modelo teórico de cadena productiva cuyo objetivo era determinar la región o regiones donde la industria podría alcanzar el nivel más reducido de sus costes de producción, así como la distribución de sus productos en el mercado, atribuyendo efectos significativos a los costes del transporte en la localización industrial (Bustos, 1993:60). En el modelo se interpreta que las localizaciones cercanas al mercado pueden perder su ventaja, cuando en otra región más alejada se introducen mejoras en el transporte, haciéndolo más eficiente. La influencia de Weber sobre Isard refleja la importancia de los costos en su teoría de localización industrial, al ponderar con mayor énfasis, los costos de producción y del transporte (Isard, 1970:236).

La revisión de los principales argumentos de las teorías clásicas de las cadenas productivas y su localización, permiten visualizar la relevancia otorgada a los costos, específicamente al del transporte, como el factor fundamental para la localización de las empresas en una región determinada, no obstante Weber e Isard también incluyen a la mano de obra como otro factor atrayente. Los supuestos de estos modelos son altamente débiles al manejarse en términos de competencia perfecta, prácticamente imposibles en la realidad.

Al respecto, Contreras (2000) señala que Wilson (1992) intentó determinar hasta qué punto se había implantado, en las maquiladoras, los modelos de producción flexible, para ello clasificó a las cadenas productivas en tres tipos de planta: posfordista, fordista y ensambladoras de trabajo intensivo. Los resultados señalan que el 21% de las plantas utilizaba una alta proporción de tecnología de producción asistida por computadora, así como un alto grado de prácticas organizacionales flexibles y relaciones de integración internacional de producción de las actividades productivas basadas en el método "justo a tiempo", lo cual las calificaba como fábricas flexibles posfordistas. Otro 35% de las plantas es clasificado como manufactura fordista. Se trata de maquiladoras que producen bienes manufacturados, pero que no utilizan tecnología flexible; y las plantas ensambladoras de trabajo intensivo constituyen la mayor parte con el 44% de su muestra. (Contreras, 2000:99, 100). Otro investigador interesado en dilucidar la ausencia de fronteras en estas formas de producción del capitalismo industrial, ha sido Gustavo De la Garza (2012).

Desde el punto de vista de las configuraciones productivas, la mayoría de las maquilas son ensambladoras que utilizan tecnología intermedia (maquinizada no automatizada); prácticamente no realizan investigación y desarrollo, ya que la tecnología la obtienen de sus matrices; han introducido cambios organizacionales, aunque la mayoría en las formas más simples como los círculos de calidad; es probable que lo que predomine sea el taylorismo y el fordismo mezclado con aspectos parciales, comúnmente los más sencillos del toyotismo (De la Garza,2012:259).

Hacia una conceptualización

El concepto de cadenas productivas se refiere, en su sentido más estricto, a todas las etapas comprendidas en la elaboración, distribución y comercialización de un bien o servicio hasta su consumo final. En otras palabras, se puede analizar una cadena productiva desde una perspectiva de los factores de producción. Es un conjunto de agentes económicos que participan directamente en la producción, transformación y el traslado hacia el mercado de un mismo producto. Tiene como principal objetivo localizar las empresas, las instituciones, las operaciones, las dimensiones y capacidades de negociación, las tecnologías, y las relaciones de producción.

La cadena productiva es un concepto que proviene de la escuela de la planeación estratégica[7]. Según esta escuela, la competitividad de una empresa se explica no solo a partir de sus características internas a nivel organizacional o micro, sino que también está determinada por factores externos asociados a su entorno. En tal sentido, las relaciones con proveedores, el Estado, los clientes y los distribuidores, entre otros, generan estímulos y permiten sinergias que facilitan la creación de ventajas competitivas.

La literatura internacional da cuenta de algunos aportes que contribuyeron a la conformación del concepto actual de cadena productiva. Los primeros trabajos de Hirschman[8] sobre el desarrollo económico fueron pioneros en proponer que la existencia de "encadenamientos" de cooperación entre firmas explicaba los mayores niveles de generación de riqueza en las economías industrializadas del primer mundo. Más adelante, Porter[9] formula que la generación de ventajas competitivas al interior de la empresa obedece, entre otros, a la articulación eficiente de la mismo alrededor de una "cadena de valor" que va desde los proveedores de materias primas e insumos y termina con los servicios encargados de garantizar la satisfacción del consumidor final. Hacia la década de los años noventa dichos elementos se articularon al diseño de políticas sectoriales y de apoyo empresarial en Latinoamérica bajo el esquema de cadena productiva.

El enfoque de cadena es pertinente en el contexto actual de evolución de la economía mundial, competitividad, globalización e innovación tecnológica. En esta realidad la industria automotriz forma parte de las cadenas dirigidas por el productor. En este tipo de cadena están

---

[7]   Véase, por ejemplo, Marta Beckerman y Guido Cataife. Encadenamientos productivos: estilización e impactos sobre el desarrollo de los países periféricos, Facultad de Ciencias Económicas, Universidad de Buenos Aires, 2001, (disponible en:[www.aaep.org.ar/espa/anales/resumen_01/bekerman_cataife.htm] -acceso: Jun 20, 2005).

[8]   Albert Hirschman. The Strategy of Economic Development, Yale University Press, New Haven,

[9]   Michael Porter. Competitive Advantage, Free Press, Nueva York, 1985.

incorporadas las nuevas técnicas organizativas como la tecnología flexible que abarca aspectos como el control de calidad, la producción modular, mantenimiento preventivo y perfeccionamiento continúo. La tecnología flexible utilizada en la producción directa, puede ser dividida en las siguientes categorías: máquinas herramientas "convencionales" con control numérico, sistemas de manufactura flexible (SMF), máquina individual, célula manufacturera flexible (CMF), sistema de manufactura flexible (SMF) y sistemas robotizados.

Así, la cadena productiva puede definirse como "un conjunto estructurado de procesos de producción que tiene en común un mismo mercado y en el que las características tecnoproductivas de cada eslabón afectan la eficiencia y productividad de la producción en su conjunto"[10] (dnp, 1998 referenciado en Onudi, 2004: 25). Otro tipo de cadenas son las dirigidas por el comprador, su principal característica es la creación de distribuidores cuyas marcas son muy conocidas pero ellos no realizan producción alguna, estos son "fabricantes" sin fábrica y distribuyen marcas que "nacieron globales".

En suma, el concepto de cadenas productivas resulta bastante similar al concepto de sistema de valor originalmente desarrollado por Porter. Así mismo coincide con el concepto de encadenamientos propuesto por Hirschman. Si bien, el contexto teórico de Hirschman y Porter resulta bastante disímil el primero basado en la teoría del desarrollo económico, y el segundo, en la planeación estratégica; ambos tienen en común un aspecto fundamental: el proceso de desarrollo económico descansa, en buena medida, en la capacidad para generar mecanismos de cooperación entre firmas que permitan elevar la eficiencia en la operación del sistema productivo como un todo.

Cadena productiva de la industria automotriz mexicana

Esta cadena está conformada por cuatro grandes segmentos: ensambladoras de vehículos; componentes mayores y subensambles; partes y componentes y materia prima (Carrillo y Ramírez, 1997).

---

[10]   dnp (1998) –referenciado en Onudi. Ob. cit., p. 25.

151

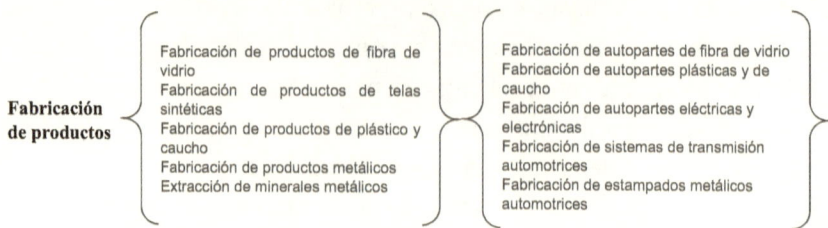

Figura 55. Encadenamientos productivos

Los encadenamientos productivos del sector automotriz se presentan en la Figura 55, este modelo de encadenamiento consiste en el proceso *justo a tiempo y el control total de calidad*; las relaciones en la red de las empresas que forman parte de la estructura del proceso se integran de acuerdo al nivel de aplicación de las relaciones son más estables, formalizadas y menos jerárquicas; los encadenamientos son intensos y complejos en la red de transacciones de insumo-producto, participan maquiladoras y no maquiladoras locales y extranjeras, empresas independientes, subsidiarias y matrices que suministran a la planta ensambladora una gran diversidad de componentes además de empresas que suministran una gran diversidad de servicios de alta y baja tecnología y conocimiento.

En la industria automotriz se requiere de varios niveles de proveeduría, con encadenamiento entre sus nodos, que pueden ser "hacia delante", cuando se provee de algún insumo al siguiente nivel para que se le agregue un mayor valor al producto, y "hacia atrás" en los procesos previos a la elaboración de un producto determinado en donde se adquieren insumos o materia prima para la producción, y "hacia los lados" donde se generan servicios complementarios figura 56.

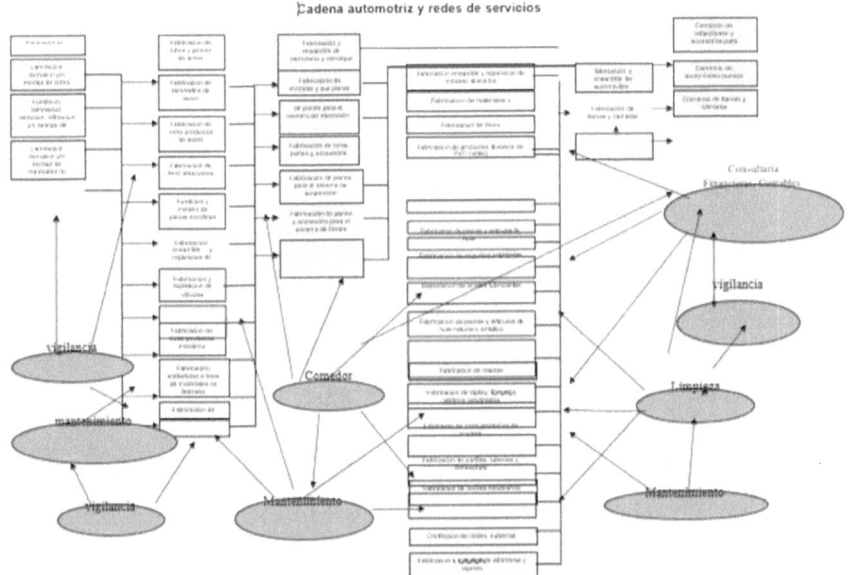

Figura 56. Cadena automotriz y redes de servicios

Estos encadenamientos en la industria automotriz generan un sistema de redes productivas constituida por proveedores de autopartes, componentes y/o servicios, conceptualizados en cuatro niveles: los proveedores de primer nivel proveen de manera directa a la industria, las partes medulares que integran el auto; los proveedores de segundo nivel abastecen insumos y componentes de los proveedores que surten directamente a la ensambladora; en un tercer nivel se encuentran los que suministran materia prima a los proveedores del segundo nivel, fabrican insumos y componentes; y por último, un cuarto nivel, son los conformados por empresas prestadoras de servicios, que pueden realizar sus operaciones en cualquiera de los niveles anteriores (Castro Lugo, 2003).

Metodología

La metodología es de corte cualitativo basado en la técnica del estudio de caso. Para ello, el estudio sigue un esquema de análisis por eslabones a lo largo de la minicadena. Los eslabones son los siguientes:

I. **Eslabón de materias primas e insumos:** comprende las empresas dedicadas a la producción de materiales básicos para la obtención del producto final.

II. **Eslabón de producción:** abarca las empresas que transforman las materias primas e insumos para la obtención del producto o servicio final y subproductos derivados.

III. **Eslabón de comercialización:** incluye las empresas encargadas de la distribución y entrega del producto o servicio a los consumidores finales.

IV. **Eslabón de consumo:** está representado por el conjunto de supermercados, distribuidores nacionales e internacionales, y consumidores finales como tal.

V. **Componente socio empresarial:** comprende las instituciones y entidades que proporcionan apoyo al proceso de consolidación de las minicadenas. Se incluyen en este componente el Gobierno nacional, los gobiernos regionales y locales, las instituciones de capacitación y asistencia técnica (Sena, universidades, centros tecnológicos y de innovación), y entidades gubernamentales de apoyo específico a la pequeña y mediana empresa.

VI. **Componente entorno-infraestructura:** comprende los servicios necesarios para el funcionamiento de los eslabones de la minicadena tales como servicios públicos, infraestructura de transporte, entidades financieras, servicios de salud y entidades reguladoras de la actividad empresarial.

Metodologia de Analisis de Cadenas Productivas

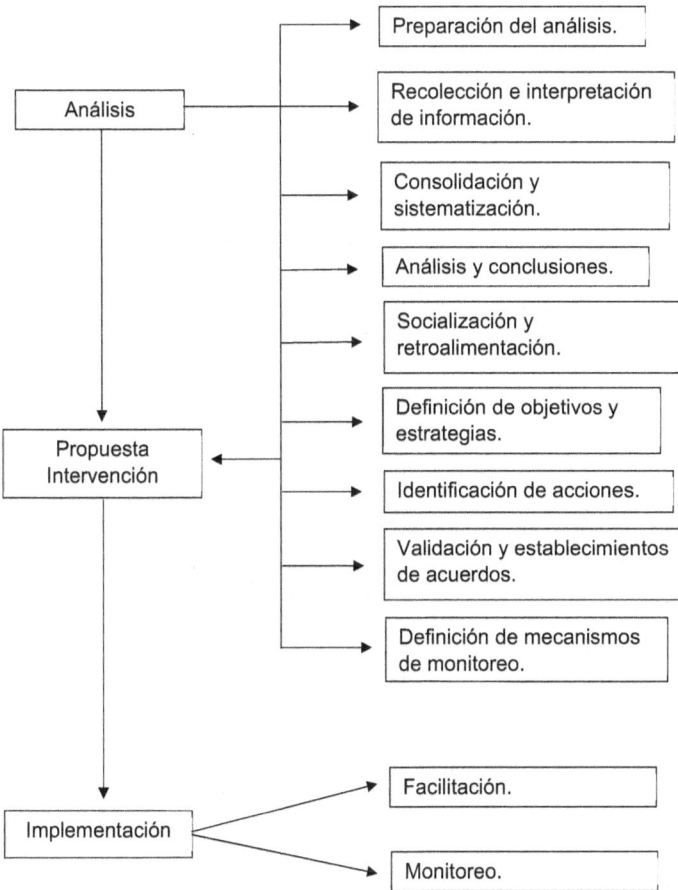

Figura 57. Análisis de la cadena productiva

Como se observa en la figura 57, la metodología contempla dos grandes componentes: 1). El Análisis de Cadenas Productivas: Este proceso es facilitado por uno o más actores/as interesados por el desarrollo de la cadena. La etapa de análisis implica momentos de recolección de información, análisis, sistematización, socialización y retroalimentación y 2). La Construcción de Propuestas de Intervención: En base a los resultados del análisis, se construye un plan de acción, a través de un proceso de concertación. Los compromisos de los actores/as para participar en el plan se establecen en función de sus capacidades, posibilidades e intereses.

Comentarios finales

La revisión de la literatura presentada arriba sugiere que los desarrollos teóricos y la discusión en la literatura internacional alrededor de las cadenas productivas responden, cuando menos, a dos necesidades. A) Las tendencias de flexibilización o neo-taylorización en los sistemas de producción motivan la conformación de redes de producción global, las cuales articulan entre sí varias cadenas y sistemas de valor localizados en diferentes partes del planeta y b) otra, parte, las cadenas productivas, como unidad de intervención de la acción estatal en la promoción del desarrollo productivo, responden a la necesidad de articular acciones de cooperación con las empresas y las organizaciones sociales, de cara a la generación de ventajas competitivas en el nivel local y nacional. Así, las cadenas productivas ponen de presente una paradoja interesante: las relaciones de sinergia en el nivel local, más que las relaciones de competencia, hacen posible la conformación de ventajas para competir globalmente. En todo esto, sin embargo, la cadena productiva es apenas uno de los primeros peldaños de la escalera para que las organizaciones de los países en desarrollo se articulen a o conformen los circuitos globales de generación de riqueza. En virtud de lo anterior, resulta fundamental ahondar en la investigación sobre la identificación de cadenas productivas, en el nivel local y regional, para dirigir los esfuerzos y orientar las acciones de cooperación entre empresas, organizaciones sociales y Estado.

Bibliografía

Basave, Debat, Morera, Rivera Ríos y Rodríguez (Coords.) (2002), *Globalización y alternativas incluyentes para el siglo XIX*, Miguel Angel Porrúa, México.

Bonazzi, Giuseppe (1993), "Modelo Japonés, Toyotismo, producción ligera: Algunas cuestiones abiertas", *Revista Sociológica del trabajo* No.18, México D.F.

Bialakowsky, Albert et al. 2009. La distopía en los laberintos discursivos del capital y la nueva morfología del trabajo. En Trabajo y capitalismo entre siglos en Latinoamérica, El trabajo entre la perennidad y la superfluidad (Tomo II), compilado por Alberto L, Raquel Partida, Ricardo Antunes et al. Guadalajara: Universidad de Guadalajara, 19-58.

Becattini, Giacomo. 1989. Los distritos industriales y el reciente desarrollo italiano. Sociología del Trabajo, 5:3-18.

Bellisario, Antonio. 2001. Territorio y economía: La teoría de la especialización flexible. II. Geografía Norte Grande, 28:43-56.

Bustos, María Luisa.1993. Las teorías de localización industrial: Una breve aproximación. Estudios regionales, 35: 51-76.

Carrillo, Jorge y Morales, Miker. (2001), *Empresarios y Redes Locales*. El Colegio de la Frontera Norte, Tijuana.

Colin, Clark (1971), *Condiciones del progreso económico*, Alianza Editorial, México.

Costa, Ma Ta. (1993)," La organización industrial en el territorio. Descentralización productiva y economías externas" en M Perellada *La Estructura Económica de Cataluña*, Espasa Calpe, España.

García Macías, Alejandro (2000), "Redes sociales y "clusters" empresariales Redes", *Revista Hispana para el análisis de redes sociales*. No.16, Universidad de Aguascalientes, México.

BIOGRAFÍA DE AUTORES

Dr. José Víctor Galaviz Rodríguez, Profesor Investigador T.C. Titular "B", Líder del Cuerpo Académico Ingeniería en Procesos UTTLAX-CA-2 en Consolidación. Adscrito a la Carrera de Ingeniería en Procesos y Operaciones Industriales. Miembro del Sistema Nacional de Evaluación Científica y Tecnológica RCEA-07-26884-2013 área 7 Ingeniería e Industria. CONACYT.

Jonny Carmona egresado en el año 2010 de la carrera de Ingeniería electrónica del Instituto Tecnológico de Apizaco con la especialidad de Automatización e Instrumentación. Durante 2010-2015 trabajo como Ingeniero Eléctrico en la empresa MIF desarrollando proyectos eléctricos para la industria acerera. En la actualidad desde el año 2013 se encuentra desempeñando como docente investigador asociado tipo C en la Universidad Tecnológica de Tlaxcala en la carrera de Mantenimiento Área Industrial con perfil deseable ID:209907.

Noemí González León, trabaja como docente en el Instituto Tecnológico Superior de la Sierra de Norte de Puebla; Licenciada en Computación (UAEH, 1999), tiene una especialización en Sistemas y Planeación (UAEH, 1999). Tiene una Maestría en Dirección Escolar (CLAP, 2007). Estudió el Doctorado en Ciencias en Sistemas Computacionales y Electrónicos en (UATX, 2015- 2018), es Experto Universitario en Energías Renovables y Eficiencia Energética por parte de la Universidad Politécnica de Catalunya, Barcelona, España (2017); Ha desarrollado servicios para la industria (documentación para software de facturación electrónica para la industria hotelera), proyectos de investigación (Aplicaciones robóticas para procesos industriales, procesos de control inalámbrico nacional, sistema de riego, agua ionizada automática, sistema híbrido, Seguro de remolques, entre otros), Cuenta con perfil PRODEP; participa activamente como profesora de tiempo completo en la División de Tecnologías y Sistemas de Información, en la División de Ingeniería Electromécanica y es gestora de su Institución ante la industria de su región.

 Simón Sánchez Ponce, Ingeniero Industrial egresado del Instituto Tecnológico de Tehuacán, Maestría en educación por parte de la Universidad Popular Autónoma del Estado de Puebla campus Tehuacán. Profesor de tiempo completo en la Carrera de Procesos y Operaciones Industriales de la Universidad Tecnológica de Tehuacán, perfil deseable PRODEP 2015, renovación de perfil deseable en el 2018, 2021 evaluación para la renovación del perfil deseable. Sector laboral, supervisor de producción en la industria textil, Supervisor de Relaciones Públicas para una institución de computación, Control de Operaciones y logística en una empresa de traslado y custodia de valores, Coordinador de Planeación y profesor de tiempo completo en la Universidad Tecnológica de Tecamachalco, Representante Institucional ante el PRODEP del 2013 al 2016, responsable del cuerpo académico ACADEMIA DE PROCESOS INDUSTRIALES con clave UTTEH-CA-7 del 2016 a la fecha.

www.ingramcontent.com/pod-product-compliance
Lightning Source LLC
Chambersburg PA
CBHW021428170526
45164CB00001B/147

* 9 781506 539430 *